THE POWER OF WORKING

遠距力

THE POWER OF
WORKING REMOTELY

28 天 成 功 踏 入 遠 距 工 作 圈
的 養 成 計 畫

JOYCE YANG 著

本書獻給我的父母，

他們面對人生中風浪的韌性，

給我信心面對變數與挑戰。

本書獻給我的先生，

他的愛與支持，

陪伴我走過平凡也不平凡的每一天。

本書獻給因為疫情而無法相聚的人們，

2020 世界似乎靜止了，

但是心裡的距離可以很近，

下次見面長長的擁抱總會到來。

3、遠距工作與個人品牌「談戀愛」

4、成功打造遠距力心法ABC

推薦序

網路有神，讓我們無所不能！

梅塔／Metta ——《自媒體百萬獲利法則》作者

「自由工作者或遠距工作者都過得很不穩定、很不好！」這是我的客戶曾經對我說過，他在遇到我之前，對遠距或自由工作者的「偏見」。

對於一個長期在職場體制外的「亨利族」（HENRY, High Earner, Not Rich Yet.），一邊環遊世界一邊工作已經超過十年的我來說，在這波疫情之前，我的公司就常常是「辦公室沒有人」以及「有網路打開筆電就可以賺錢」的狀態，並且年收入常在十萬～二十五萬美金之間，與本書《遠距力》作者所提到遠距工作的「睡後收入」的概念完全不謀而合。

工作上，我總是跟同事透過網路來遠距解決問題，所以即便今年疫情大爆發，對公司的營運來說並沒有受到太大衝擊，相反的，因為大家不能參加實體活動，消費的主力都轉往線上，公司一項客製化訂閱服務的營業額，反而成長了五十％以上。即便如此，我還是常常開玩笑的跟還在體制內上班的VVIP（very very important person）客戶說：「我好羨慕你們，因為在體制內賺到的一百萬，跟體制外賺到的一百萬是完全不同的壓力與風險。若是可以重來的話，我是不會輕易、也不會建議人創業開公司的，畢竟創業這條路並非適合每個人。」而遠距工作、自媒體創業……其本質也是一樣的。

自從去年出版了第一本暢銷書《自媒體百萬獲利法則》以後，我對於《遠距力》這本書中所提到的自律案例非常有感觸——知名國際暢銷作家村上春樹每天五點起床十點就寢，每天都跑超過十公里……對於每個月爬山最多只能爬一百公里的我來說，真的打從心裡佩服。所以，也就更認同了「你想多自由，就該多自律」這句話。因為很多不起眼的日常累積，最後都會變成別人的望塵莫及。

我也很認同本書提到的「擁有硬實力，遠距工作才能建立在一個穩妥的基礎上」，書中提到的硬實力包含了：數位能力、完整學歷、資格證書、專業能力及其認證、語言能力及其認證，而其中網路數位能力，更是遠距工作者不可或缺的重要能力。有了硬實力，當然還要提到軟實力。因為遠距工作，常常是「一個人」的狀態，工作夥伴都不在同一個地點，所以溝通、自學與解決問題的能力就顯得格外重要。其實不論是在遠距工作或是個人創業，我認為「你可以解決市場的問題有多大，你可以從市場獲利的程度就有多大」，這是成正比的。另外還有一項作者未提，卻已經實踐的一件很重要的軟實力，便是「出書」。特別是自媒體工作者，若想要在開發商業通路上讓更多人認識你，我建議一定要「出書」，因為在沒有了公司的品牌撐腰的情況下，書籍就是你的名片，也會是你「個人品牌」的代表作。

我深信，遠距工作的趨勢是不可逆的。我們公司的訂閱服務客戶來自全球四大洲，目前 VVIP 客戶超過五百位以上，其中也有矽谷的工程師在這波疫情中，成了遠距工作者。許多國際級大型公司 FB、Twitter……也已經正式宣布，遠距工作將會繼續成為全職員工的工作選項之一。如同作者的見解一樣，藉由大型企業的投石問路，在我看來，即便在疫情之後，遠距全職工作將會更普及到一般公司，成為許多人的工作常態。

就在全球開啟了遠距工作元年的此時，《遠距力》這本書從一開始便很清楚的定義了「遠距工作」，釐清許多人對於遠距工作的迷思，對於想要開始遠距工作，或正在進行遠距工作所碰到：如何踏入遠距圈、面試與薪資問題、如何遠距溝通、資安問題、情緒管理……等問題的人，本書都有特別的見解；除此之外，更為職場工作者按部就班地提供了走向遠距工作、創造複合式收入的全面規劃與具體步驟，很適合想要不離職創業，或是想邊工作邊創業的人參考。特別是在體制內的上班族朋友，如果你好奇「體制外」的人都過怎樣的生活？這一本書我覺得是個不錯的開始。

作者序

親愛的，我把大學變成虛擬的！遠距工作、遠距教學、遠距學習，在今年變成了我的生活全部

曾經，如果你說你正在讀一個線上（online）的學位，一定有很多人不太相信；其次，很多人對於線上的教學方式和學位的價值產生懷疑；再者，許多國家對於線上學位是不予承認的。也就是說，長期以來，線上教學和學歷並不是高等教育的主流。但是二〇二〇年的新冠肺炎疫情大爆發，全球的大學紛紛變身成虛擬校園，即便像是哈佛、耶魯、牛津、劍橋這樣的世界頂尖大學，也被迫轉為線上學習來應對疫情。

從今年二月底開始到現在，在我任職的澳洲首都坎培拉大學，包含教學、行政、運營和管理，一切都變成虛擬的了。學校原本以傳統面授的教學方式，也在短短的幾周時間，迅速調整推出虛擬校園、提供網路課程，讓世界各地的學生，還是可以繼續學習，儘量減低疫情帶來的衝擊。過去從來沒有設想過的情況，在今年全部一起發生：遠距工作、遠距教學、遠距學習，在今年變成了我的生活全部。

而在遠距工作後，最常遇到的問題就是：你對於這樣的工作模式適應嗎？

創造「儀式感」，你離成功的遠距工作就不遠了

習慣主宰著我們生活的方方面面，而我們每天的生活作息，會讓我們習慣於某種狀態，慣性的推著我們去做很多事情。例如，回到家裡就是要休息，在辦公室就是要工作；周末就是要補眠，放假就是要玩樂。而進行遠距工作，我認為最重要的，是要把遠距工作融入到習慣當中，最容易執行的，也就是把自己最主要的工作區域和休息的地方，妥善的安排和區分。

例如，如果主要的遠距工作場所是家裡，那就需要把「工作」與「生活」區域最大程度的劃分開來，不輕易讓自己陷入工作和生活界限模糊的情況。遠距工作者最忌諱的就是在平常休閒娛樂的區域裡工作（雖然這真的很難做到），因為長期下來，會給我們的大腦造成很大的混淆，不但會大幅度干擾進入工作的最佳狀態，下班了，也很難真正放鬆。

以我自己本身為例，在家工作時，雖然時不時也會偷懶、賴在沙發上，或是想要在舒服的床上工作，但我會想辦法鞭策自己，儘量規定自己在固定的工作區域進行工作。

今年三月之後，澳洲很多企業和政府單位也都強制規定或是鼓勵大家在家工作，我和我先生都轉成遠距工作模式，而我們最主要的工作場所就是家裡，我們二個都變成了在家辦公一族（Work From Home, WFH）。

因為我先生的工作需要多個電腦螢幕，所以他使用我們家的書房，而我的工區域，就是在客廳特別規劃出一個靠窗戶的角落，放了一個可以升降的書桌，讓我可以坐著或是站著工作。（還記得那天下大雨，我先生在坎培拉政府宣布管制開始的最後幾個小時內，趕到大賣場搶到一個可升降的辦公桌，還有一些辦公用品，他說在大賣場裡面看到很多人，急慌慌的準備突如其來的「在家工作」。）這樣的安排可以確保我們二個人在工作的時候，尤其是在進行線上會議時，不會互相打擾。

另外，與安排主要的工作區域息息相關的是，必須花心思讓工作的一天裡充滿「儀式感」。就像之前到辦公室上班一樣，每天在工作前要有一定的流程，然後再進入工作區域開始工作。怎麼創造「儀式感」呢？其實非常的簡單，以下幾件看似稀鬆平常的事情，都能協助我們在遠距工作中創造儀式感：

- 早晨起床後和家人說早安
- 起床後喝一杯溫水

・早晨拉筋或是瑜伽
・刷牙洗臉脫下睡衣換裝
・畫淡妝為線上會議做準備
・在鏡子前面給自己一個大大的笑容
・在主要的工作區域開始工作

千萬別小看這些平凡的小事帶來的威力和影響，假如每天都能做到這些事情，不僅會大大的協助身體和大腦進入「工作模式」，也能讓你更容易駕馭遠距工作，更能抓到遠距工作的節奏，在工作上更加專注，效率更高，還能讓你在工作結束後，更快的進入下班休息的狀態。

如果你沒有做好區分工作和生活的區域，那是不是很容易就會變成：早上睜開眼就看手機，然後打開電腦，睡前一秒也還在滑手機，而你工作和休息的區域是一樣的，睡覺前滿腦子還在思考工作的事情，這一定會嚴重地影響你的生活和休息。

不管是否把家裡當成遠距工作的主要工作場所，為自己安排好一個主要的工作區域，可能是家裡的書房，或是一家你最喜歡的咖啡館，請注意，做區分是非常重要的，盡可能不要使用日常生活用來放鬆、休息、娛樂，或是社交的地方，作為你的工作區。

不可逆的轉變

我們不知道疫情影響下的生活會在全球持續多久，但是可以肯定的是，很多的變化是不可逆的。

二次世界大戰時，因為男性要上戰場，在後方的女性便開始從事很多本來只屬於「男人的工作」，結果發現，女性不但能夠做這些工作，而且做得更好。之後，因為戰爭（危機）而帶來的轉機（女性的工作選擇增加），並沒有因為戰爭結束而停止。

同樣的，在新冠疫情之後，全球遠距工作不但不會停止，可以預期會更加的普遍。而更多的虛擬大學會持續發展，向全世界的學生招手，讓各國學子不再受到距離、空間、國界和經濟侷限，不用出國，也能獲得全球一流學府的教育，跨國界的線上學習將成為高等教育的趨勢。

二〇二〇，似乎在按下一個暫停鍵中勉強前行，

但是，親愛的，

我們是不是發現醫師、護士比超級英雄還要英雄，

我們是不是發現在病毒面前人人似乎真的平等了，

我們是不是發現 WFH 不僅保護自己，也獲得了家庭時光，
新的工作形態持續發展與成長，
面對變動和危機，我們只能勇往直前。
我想，改變可能不是歡喜的，是一種生存；
我想，勇敢可能不是天生的，是一種選擇。
遠距力，是可以後天培養的超能力，讓人更能面對措手不及的風暴。

PART 1

完整解密遠距工作

遠距？遠程？遠端？到底遠距工作是什麼？

遠距工作、遠端工作、遠程工作、在家工作、在家辦公……

現在這些字眼滿天飛，隨便上網 Google 一下，千千萬萬條的搜尋結果，你可能聽過，你可能沒聽過，也可能你現在因為疫情正在進行遠距工作，可是，你真的知道遠距工作是什麼嗎？你知道它已經快要五十歲了嗎？

遠距工作，也稱遠端工作、遠端辦公、遠程辦公，它是一種工作模式，很多人稱它為新型的工作模式。雖然說它「新」，但是其實它已經有近半世紀的發展歷史；只是，在全球新冠肺炎大爆發之前，大部分的人沒有接觸到它。大多數的人們還是習慣於傳統形態，在辦公室裡面工作；所謂上班，就是要離開自己居住的地方，到一個特定的、公司規定的場所，在這個把公司員工集中起來的場所中進行工作，這才是我們大家對於上班工作最普及的認知。

二〇二〇年一場全球大流行的疫情，把遠距工作推到了大眾的視線焦點，遠距工作成為在疫情下企業持續工作的必然，也成了很多人的新日常，新的工作方式。為了因應疫情，全球千千萬萬家企業、以億為單位的人們，開始了他們的遠距工作。有一些媒體甚至把二〇二〇年形容成「遠距工作的元年」。

因為遠距工作的模式，在今年被大多數的公司所採用，讓員工們即便因為疫情要居家隔離，依然能夠利用網路在線工作。因為疫情，大部分人的家裡變成辦公場所，大家開始體驗在家辦公的好與壞，目前工作模式的轉變，也在快速的扭轉長久以來很多人對於遠距工作或是在家工作的偏見，例如遠距工作都是兼職，或是在家工作都是詐騙的成見。

遠距工作到底是什麼？

不管你看到的是遠距工作、遠程工作、遠端工作、遠端辦公、雲辦公……。其實，他們講的都是同一件事情，那就是「Work Remotely」，它泛指通過網際網路、物聯網、雲端……等現在常用科技，並運用各類型軟體、Apps、網站、線上平台等工具，用電子郵件、電子文件、視訊會議、電話會議、即時通訊、電子專案協作等多種方式，來進行非集中、非本地、分離化的工作，地點可以是在家工作、異地工作、移動工作等。簡單來說，就是通過現在大家都可以輕易取得的網路、科技和電子產品，你的地理座標位置，和你的公司、你的同事、你的客戶、你的合作方……等，可能都在不同的地點，但仍然可以一起工作。

我個人最喜歡，也覺得最恰當的是：遠距工作。因為它突出了「距離」，很恰當的形容「打破地理位置」的關鍵之處。

舉例1：

Amy在澳洲雪梨某大學擔任媒體傳播經理的職務，辦公地點為澳洲雪梨，但因為疫情，大學目前整體轉為遠距工作模式，Amy人回到南澳阿德萊德的家裡和家人一起，但是依然透過遠距工作的方式，繼續擔任澳洲雪梨某大學媒體傳播經理的職務。

舉例2：

Ben是個電腦工程師，他長期居住和生活在德國慕尼黑，但是他以遠距工作的模式，全職為一家位於荷蘭的電商平台工作，他的工作地點常常是家裡，在疫情之前，也會在喜歡的咖啡館工作。

舉例3：

Joanne是平面設計師也是網頁設計師，也是自由工作者，在多年前已經結束全職服務於公司的職涯。她在美國西雅圖生活，她通過Wix網站製作平台，以接案方式，為全球各地的客戶服務。

舉例4：

Frank為一家完全遠距的公司（Fully Remote Company）工作，他居住和生活在新加坡，他在這家以完全遠距工作方式的公司，擔任播客社群以及社群媒體的經理，他和他近一百位同事遍布全球各地，每年公司會舉辦一至二次公司員工旅遊，讓在世界各地的同事可以相聚。

遠距工作的緣起

在距離現在四十七年前的一九七三年，曾在美國太空總署NASA擔任工程師的火箭專家傑克．尼爾斯（Jack Nilles）提出了遠距辦公的概念。他在被視為是遠距工作先驅的書籍《*The Telecommunications-Transportation Tradeoff*》中，認為工作者應該在核心城市的周邊，設立許多衛星辦公室，並使用電子設備進行遠距工作。這樣的工作模式，讓工作者不用集中到一個地點去上班，可以避免把大量時間花在通勤上。

大家一定想，奇怪了，為什麼一個火箭專家，不花時間研究火箭，反而變成「遠距辦公之父」而且提出了一個與自己本職工作和專業完全不同領域的見解呢？

這或許和他當時在工作和生活上所面對的問題有關。在美國，有很多人都需要開車上下班，通勤占據了許多工作者的大量時間，讓工作者時常感到疲憊不堪，而油費也是工作者的一項生活支出。以大環境來看，在一九七三年十月，第一次全球石油危機爆發，當時原油價格從每桶不到三美元飆升到超過十三美元，令美國國內需要開車通勤者負擔更加沉重。在這樣的時代背景之下，尼爾斯提出的遠距辦公，就是為了要解決當時長時間開車通勤的問題。這也是為什麼遠距辦公的英文是 Telecommuting，之後才演化為 Telework, Teleworking, Mobile Work, Remote Work……等。

遠距工作的演變

尼爾斯提出遠距辦公後的幾年，IBM 因為總部主機問題，決定把終端機安裝到員工的家裡。當然，因為這樣的決定，部分員工的辦公地點從 IBM 的辦公室轉換到了家裡，他們開始在家辦公，也就是現在我們比較熟知的企業遠距辦公的雛形。

時間推移到了一九九〇年代，隨著家庭用網路及個人電腦的逐漸普及，開始加速遠距辦公的發展。許多歐美的企業都開啟了遠距辦公的新篇章，以創新型科技公司集中的矽谷（Silicon Valley）來說，遠距辦公非常盛行，接下來，很多著名的公司如 Facebook、Google、Microsoft、IBM……等，讓遠距辦公成為工作模式的選項之一，員工可以根據工作需要，申請遠距辦公的方式上班。

而在台灣，早年對於在遠距工作的發展，應該可以追溯到家庭代工，或是在家裡完成手工品的工作方式。我記得小時候，姑姑和我們一起住，她小時候沒有機會接受完整教育，能夠做的工作很多是要付出大量勞力的，她有時候會把很多電子零件拿回家，在家裡進行手工組裝，在家裡完成工作，而工作形式也是屬於接案的模式。

遠距辦公開始進入到人們視線的中心，應該是在二〇〇三年SARS爆發的時候，因為當時的疫情，很多受到疫情波及的地方，企業選擇採取遠距辦公，例如中國電商龍頭阿里巴巴，馬雲所帶領的團隊通過網路在家辦公，遠距辦公的這個模式就成了SARS疫情下許多企業的應變之道。

時至今日，二〇二〇年新型冠狀肺炎疫情全球蔓延，為降低感染風險，從今年初開始到現在，各國眾多企業紛紛轉為遠距工作模式，讓員工在疫情之下可以居家辦公，不受地理空間限制。我們可以說，現在遠距工作已經成為企業生存的剛性需求，也是應變疫情的必然方式，對於我們大多數工薪階層，遠距工作儼然已經成為我們的新日常（New Normal），有很多預測顯示，在疫情結束之後，遠距工作依然會持續進行。

世界辦公室革命正在進行中

客廳裡、書房中、廚房旁、陽台上、院子內……甚至是花園、菜棚、田地……你從來沒想過的地點，成了世界各地的Willy, Emma, Gigi, Vara, Andy……的新辦公空間。

只要有相應的網路和設備，你，可以在這個地球上的任何一個角落，遠距工作。這就是因為疫情，全球都在進行的辦公室革命，辦公室去中心化（Office Decentralization）正在如火如荼的進行中，Twitter 這家全球大型科技公司更正式宣布可以永久居家辦公，遠距工作已經成為 Twitter 全球員工的長期工作方式。這個世代的人，正在經歷工作模式的大轉變，許多人可能也在不知不覺中，參與了這場席捲全球的浪潮。

遠距工作最大的優勢

State of Remote Report 2020
buffer.com/state-of-remote-2020

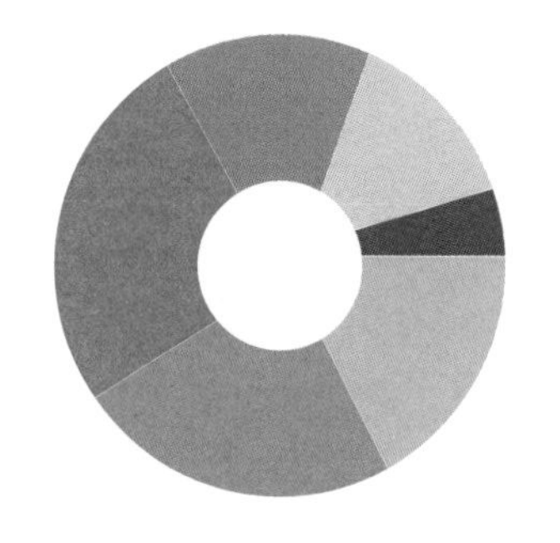

32% 彈性的工作時間
26% 彈性的工作地點
21% 無須通勤
11% 更多的陪伴家人
7% 可以在家工作
3% 其他

遠距工作是一種工作模式，由「遠距」和「工作」兩部分組合而成。它指透過網際網路、物聯網、雲端等科技，同時通過各種程式、軟體、網站平台等工具，不在公司指定的辦公場所辦公，而是在不同地點，例如在家辦公、異地辦公、移動辦公等。

不管你看到的是遠距工作、遠端工作、遠程辦公、遠距辦公……說的是同樣一件事情，就是跳脫上班，以及在一個辦公室裡工作的傳統工作模式，你的地理位置，和你的公司、你的同事、你的客戶、你的合作方……等都在不同的地點，一起工作。

為什麼要進行遠距工作？遠距工作和傳統工作有什麼不同？和在家工作又有什麼不同？

小時候長輩們總是耳提面命地說：「你要好好的讀書，考大學，找到一份體面的工作。」他們所謂的體面的工作，很多都是在一個傳統的辦公室環境裡的，一個辦公大樓，裡面很多公司，每個職員有自己的一個小小的辦公室格子；不管是在自己的家裡，還是一邊旅行一邊工作，其實我們想要的，是工作地點的自由。

你小時候聽過遠距工作嗎？

我想很多生長在台灣的孩子應該會有相同的成長經歷，那就是如果你是女生，家人會希望你當老師，如果你是男生，家人會希望你考公務員。因為父母家人和長輩都希望你有一個安穩的生活，不希望被放無薪假或是做容易被資遣的工作。

如果你說要立志當一個自由職業者、自己經營自媒體，或是創業，家人應該是擔憂和反對大於贊成的。而這樣的成長環境以及和許多人共有的生活經歷，卻常常困惑著我，讓我不斷地思考以下的問題：

- 好工作只有長輩們口中的幾種嗎？
- 好工作只有在固定的辦公室裡才有嗎？
- 好工作只能忍受做自己不喜歡的事情才可以嗎？

小時候的我也沒有聽過遠距工作，根本不知道有這樣的工作模式存在，只是我當時心裡「想要走不一樣的路，想自己決定要進入的專業和工作產業，也想自己決定工作的地點。」這樣的想法和種子已經深埋在心中。

為什麼要進行遠距工作？

在我從瑞士、比利時、中國大陸，然後回到台灣，再到澳洲的國際工作旅程中，我發現每一份工作、每一個公司，都在潛移默化地訓練我遠距工作的能力，每一個公司，也都在大時代的進程當中，或慢或快的在準備將部分的工作經由遠距的模式來完成。

對於很多的自由職業者來說，工作的累積就是花很多時間去嘗試各種能夠透過遠距工作而帶來金流的方式，常常看到的「網路創業」，其實也是遠距工作的一種體現。

那到底為什麼要進行遠距工作呢？這個問題的答案，會因為問問題的人不同而有差異。

如果問問題的是**企業**：

1、可以有效節省辦公成本，尤其是可以省下房租、管理費和水電費。

2、可以降低疫情、惡劣天氣、交通意外等因素造成的損害。

3、可以有效減低跨國家、跨城市、跨地區的工作和業務成本。

4、可以有效幫助減少環境汙染和能源的消耗。

Global Workplace Analytics 的分析曾指出，即便公司員工只有一半的時間進行遠距工作，平均每人每年可以為公司節省高達一萬一千美金的成本。

如果問問題的是**員工**：

1、可以節省在通勤上所花費的時間成本和金錢成本。
2、可以降低疫情、惡劣天氣、交通意外等因素造成的風險。
3、可以不受辦公室環境的干擾，進而增加工作效率。
4、可以兼顧私人生活。

Joyce 身邊的家人朋友，除了醫護人員外，因為疫情的關係幾乎九十九％都轉為遠距工作（或是以遠距為主，加上偶爾進辦公室的混合型工作方式），也因為疫情，自家都變成工作場所。除了省下通勤花費，也有更多的時間陪伴家人。

如果問問題的是**自由職業者**：

1、可以節省在跑客戶和面對面會議的時間成本和金錢成本。
2、可以降低疫情、惡劣天氣、交通意外等因素造成的風險。
3、可以接觸到更多的客戶，進而擴大自己的收入來源。
4、可以兼顧自由職業者自身的私人生活。

自由職業者要成功進行遠距工作有二個關鍵點：

- 必須至少擁有一個或更多專長或技能，當然最好是不能被輕易取代的。
- 必須要建立起一個自動化系統，也就是能夠持續賺錢的被動收入系統，這樣才能保證每個月的進賬趨於穩定。

遠距工作和傳統工作有什麼不同？

遠距工作和傳統朝九晚五的辦公模式相比，遠距工作可以幫助公司降低經營成本、抵抗疫情天災和意外，還有員工流動率降低等三大顯著優勢。而**遠距工作的四大特徵是：數位化、分離化、靈活化，以及自主化**，這些都是傳統工作中較少見的。

數位化是遠距工作的基礎，也是遠距工作相比於傳統工作方式最顯著的特徵。在二〇〇二年《遠距工作歐洲框架協議》以及二〇一〇年美國的《遠距工作促進法》都清楚的說明，遠距工作是以數位化科技為前提，它是一種依賴數位化而發展出來的工作模式。大白話就是：沒有網路，就沒有遠距工作。

分離化，它是遠距工作的另一個核心特徵。所謂分離性，是指遠距工作模式下的工作者和公司，他們的主要工作場所在不同的地理位置，公司不需要把員工都集中起來。地理空間的分離，給工作者帶來減少通勤時間和花費的好處。辦公室「去中心化革命」就是圍繞此特點展開，員工分散到不同地方工作，可以為企業帶來更高效的工作成果。

靈活化也是遠距工作的明顯特徵。遠距工作者大多可以比較靈活的安排工作時間，也可以減少傳統面對面會議或是跑客戶的時間花費，讓工作者有更多的時間兼顧家庭生活，而生活品質有保障，也是現代人越來越追求的。

自主化也是遠距工作的突出特徵。遠距工作者通常有極大的自主性來安排自己的工作日程和工作事項，主管對於遠距工作模式下的員工，也會給予相較於傳統工作模式更多的自主性。

我認為遠距工作會讓生活更美好。從多年間歇性的遠距工作，到現在完全遠距工作的經驗，讓我更加知道，工作是為了更好的生活，工作不應該占據我們全部時間，遠距工作讓我們可以更自由的去安排我們的工作時間，也因為減少了通勤的時間消耗，我們有更多的時間給予我們的私人生活，讓我們在工作之餘，有更多的時間可以陪伴自己、家人、愛人、朋友。

什麼是在家工作？它和遠距工作有什麼不同？

遠距工作（Work Remotely）是一種工作模式，一種工作形態，就是通過現在大家都可以輕易取得的網路，以及科技電子產品，你的地理座標位置，和你的公司、你的同事、你的客戶、你的合作方……等可能都在不同的地點。而在家工作（Work From Home, WFH），是指工作的最主要場所是在家裡。

大家千萬不要把工作的模式和工作的場所搞混了！現在因為疫情的關係，大多數的公司從傳統工作模式轉為遠距工作模式，也是因為疫情，我們現在會儘量避免去人多的公共場所。大家進行遠距工作的最首選場所是自己家裡，但是，在疫情前或是疫情結束之後，遠距工作可以是在地球上的任何角落和任何地方。

遠距工作能夠幫我們實現工作地點的自由，你是不是也很期待，當疫情結束，我們可以重新開始國際旅行的時候，就可以一邊工作一邊旅行啦！而在家工作，是遠距工作裡工作地點的一種選擇，也是很常見的一種選擇，因為在家工作可以節省通勤的時間、也可以省下通勤的費用，時間可以自己靈活安排，也可以更好的管理碎片化的時間，兼顧家庭生活。

由於家裡是遠距工作中很常見的工作地點選項，所以很多人可能會誤解在家工作就等同於遠距工作，其實這是錯誤的。

記得喔！遠距工作是一種工作型態，而在家工作是遠距工作的一種樣貌，「家」只是遠距工作的地點選項之一。

「在家工作」對許多人來說，在二〇二〇年之前還是個「可選項」（option），但在新冠肺炎（COVID-19）大爆發後，卻變成了「必選項」（must）。

什麼樣的人適合遠距工作？

「很慶幸在二年前擺脫上班工作，我們公司也幾乎都變成完全遠距工作，現在完全不用怕塞車或是下雨天，中午還可以在家裡吃飯呢！」Zoe開心的和我分享。

「疫情一開始很不習慣在家工作，抓不到工作節奏，但現在適應良好，不需要去趕公車或是擠捷運，還省了很多錢，不想回辦公室工作了。」Kate笑笑的說道。

「我很懷念和同事一起說說笑笑的喝杯咖啡，或是一起買珍奶！」Hana有點感概的說著。

「自從開始在家工作，我已經分不清楚工作和生活的界限了。」Fran正在苦惱中。

「我遠距工作快四年，工作幾乎都是一個人，午飯也是一個人，加上懷孕生孩子放產假，我覺得我面對面的社交能力快要沒有了……」Diana焦慮道。

適合遠距工作的人格特質

遠距工作可以讓工作者打破地理位置的限制，讓人才可以跨區、跨城市、跨國界，找到理想的工作。例如，我們很多人都大愛台灣的生活方式，不想離開台灣，但是對於國際工作還是很有興趣嘗試，這個時候，遠距工作就是一個非常棒的選項。

那麼，核心問題來了，什麼樣的人適合遠距工作呢？

首先，每一個人當然都歡迎來嘗試遠距工作，你沒有嘗試過，你怎麼知道自己適不適合呢？

遠距工作因為有數位化、分離化、靈活化、自主化等特徵，想要成功進行遠距工作，並且從傳統工作模式轉化到遠距工作模式的過程中，不會適應不良，陣痛期很短，很容易得心應手，這樣的人通常具備以下幾個特質：

1、有**充分的自律能力**：在遠距工作的模式下，你和你的老闆、同事、合作方、客戶……等都在不同的工作空間中，你必須在沒有人監管、無人鼓勵的情況下，依然可以達到工作高效，還要有高品質的產出，因此你需要有更強的自律能力才能順利的進行遠距工作。

2、有**良好的時間管理能力**：傳統工作模式下的朝九晚五，通常中午都有一個小時的休息時間，這樣普遍性的工作時間安排，就已經把大多數人最基本的時間管理設定好了。但是遠距工作模式下，缺少了通勤的時間，沒有了實體面對面的會議，加上老闆和同事都不在身邊，你能否成功遠距工作，自主時間管理能力是關鍵。

3、有**優秀的溝通能力**：你需要成為溝通高手，除了聽、說、讀的能力，寫的能力也要大大增強。和你一起工作的夥伴，都不在面對面的距離內，你要透過各種線上工具和團隊成員保持良好溝通；此外，遠距工作常常會面臨跨時區的問題，你必須透過email、線上協作工具、即時通訊工具、電話、視訊會議……等，無障礙的使用這些工具來和工作團隊進行溝通。

4、有**獨立工作的心理承受能力**：人類是群居的動物，我們在傳統的工作環境中，也是過著「群居」生活，而在遠距工作的模式下，有很多時候是一個人進行獨立作業。在這樣的環境下，你要如何調適自己的心態，讓自己可以以積極和正向的態度去面對工作，這是非常考驗你的心理承受能力的，尤其當遠距工作變成常態的時候。

全球著名大型的完全遠距公司 GitHut，在世界各地有超過一千三百名員工，在他們的公司守則裡，詳細的說明關於遠距工作的適應階段應注意事項。不管是公司還是個人，**從傳統工作模式過渡到遠距工作模式，這個適應階段的成功與否取決於二個關鍵：「工作的文化」和「工作的工具」**。這個適應的過程對有些人來說很容易，但是對其他人來說卻非常困難，就像我目前服務的澳洲坎培拉大學，為了應對疫情，所以轉成虛擬校園（Virtual Campus）模式，不管是授課還是日常工作，都是以遠距工作模式完成，因為坎培拉的疫情控制良好，在今年六月初，我們收到通知說，如果想要恢復到辦公室上班，是一個可行的選項，只要和上級以及團隊協調好，確保回到辦公室工作的人員

你會向其他人推薦遠距工作嗎?

State of Remote Report 2020
buffer.com/state-of-remote-2020

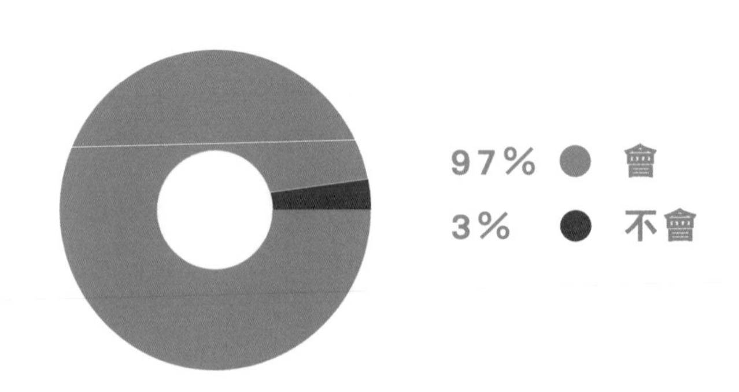

嚴格遵守社交距離（social distancing），即可回復到辦公室辦公。有很多在遠距工作模式下適應不良的人，就非常盼望回到辦公室工作模式，但是適應良好的人，則選擇持續遠距工作模式，而我本身當然是選擇後者啦！

遠距工作踏入前該做的準備

遠距工作，讓我們能夠實現工作地點的自由，不需要在辦公室上班就能進行工作。但這種新的工作型態，在實際執行起來會有哪些優缺點？在踏入遠距工作前，又需要做哪些準備？在這裡和大家分享我自己在遠距工作中所體驗到最主要的優點和缺點：

- **優點**：可以完全省去日常通勤的時間和麻煩，尤其是天氣惡劣的時候更是。本來在傳統的工作模式下，每天早上需要大概三十分鐘的準備工作才能出門上班，從家裡到辦公室要再加上三十分鐘，一天下來，就有整整二個小時花在準備通勤和通勤本身上面。
- **缺點**：缺少實體社交，有時候會有孤獨感，在傳統集中辦公的工作模式下，我們身邊都有很多同事，有時候早上會一起喝杯咖啡，有時候會約著一起吃中飯，在會議時間裡，也有很多面對面的交流，但是遠距工作時就少了這樣的互動。

遠距工作其他常見優點：辦公地點自由、辦公時間較為彈性、生產力上升、省下通勤的費用、更好的兼顧私人生活。

遠距工作其他常見缺點：上下班的界限模糊、團隊之間和上下級之間的信任感的建立更難、實體社交大減。

根據我個人經驗，總結以下幾點能夠讓遠距工作更順利：

1、**有效實行工作時間管理**：每天的工作時間要很清楚的列出來，把每一個工作時段都排定工作事項並定時完成。

2、**有明確的工作目標和主次**：清楚的列出工作目標，並依據工作輕重緩急列出主次。

3、**有合理的生活和工作排程**：建議要建立規律的排程，這樣才可以協助工作有效率地完成，例如每天早上八點吃早餐，九點開始工作，十點安排第一個視訊會議……保持每天固定的工作節奏。

4、**有充足睡眠和適當的運動**：睡眠不充足或缺乏運動，都會導致工作效率下降，非常建議把睡眠和運動都合理安排到日程中，這樣可以讓遠距工作更順利。

5、**有規律和透明的溝通**：保持和上司、下屬及同事有規律而且儘量透明的溝通，增加信任度，也讓遠距工作更順暢。

以下幾個能力的培養，能夠讓你在遠距工作圈，如虎添翼：

1、**優秀的專業力**：你必須有一個或是多個專業能力，最好是稀缺的、被大量需求的，或是不能被輕易取代的。

2、**堅強的自律力**：每天的時間必須合理安排，更需要嚴格執行，如果沒有這項能力，建議不要輕易嘗試非傳統工作模式。

3、**強大的語言力**：這個能力包括了你的各種語言能力、溝通能力，因為不管你的工作內容是什麼，你都必須能勝任良好有效的溝通。

4、**縝密的多元力**：所謂的多元力，就是要能在同一時間裡，完成多個工作事項，不能顧此失彼，必須樣樣都做好。

5、**持續的自學力**：如果你只專注於一種專業或一種技能，又或許你上一次讀完一整本書和學新的東西已經是N年前還在學校裡的事，那麼你可能不適合遠距工作這樣的工作模式，因為自學力是遠距工作必要的能力之一。

遠距工作能否成功，取決於個人的能力和個性，所以建議要檢查以上各項特質，自己具備了幾項，尤其是自律力。

【自律案例】村上春樹，著名作家（自由工作者，在不同地點進行遠距工作）

第一部作品《且聽風吟》即獲得日本群像新人文學獎，一九八七年，第五部長篇小說《挪威的森林》在日本暢銷，憑藉《海邊的卡夫卡》入選美國紐約時報「二〇〇五年十大最佳圖書」。而後他又獲得有「諾貝爾文學獎前奏」之稱的「弗朗茨．卡夫卡」獎。除了獲獎無數之外，高齡七十一歲的村上春樹還是一位特別高產的作家。從開始創作以來到二〇一七年底，他共發表長篇小說十四部，三十二篇短篇，遊記作品四部，報告文學三部，與他人合作完成作品四部，隨筆作品十四部，翻譯作品六部。創作生涯幾十年期間，完成作品共七十七部，產值真的非常高！

是什麼讓村上春樹能夠堅持不懈創作，不管他在地球上的那個地點寫作都保持高度產值的？

答案就是：超越常人的自律力。

長年以來，他保持清晨五點起床，晚上十點之前就寢，每天堅持寫作，每天跑十公里，以上每一項都堅持了幾十年。

【自律案例】彭于晏，著名演員（複合式工作者，在不同地點進行遠距工作）

當大家都在舔屏，垂涎彭于晏的裸體時，我們都忽略了，這樣幾近完美的身材，是超強自律力的結果。除了因為自律而來的幾近完美的身材，他每拍一部戲，就學會一樣技能，不僅自律力強，而且自學力也是爆棚。

拍《海豚愛上貓》，他學習了海豚訓練，獲得了海豚訓練師資格。

拍《我在墾丁天氣晴》，他聘請專業教練，學會了衝浪。

拍《聽說》，扮演的角色是聾啞人，他便學會了手語。

拍《翻滾吧！阿信》，他苦練八個月，嚴格控制飲食，每天進行十個小時以上的體操練習，單槓、吊環、鞍馬……等體操項目他都熟練了。並因為這部電影，入圍金馬獎最佳男主角。

拍《激戰》，他又經歷了魔鬼訓練，練成綜合格鬥、泰拳，還有巴西柔術。

拍《黃飛鴻》，他推掉了半年的通告和活動，專心練拳，每天十個小時，學會並掌握了工字伏虎拳和虎鶴雙形拳。

拍《破風》，他每天騎車超過六個小時，把自己練成了專業的騎手。

拍《湄公河行動》，他又再一次突破自己，接受泰國皇家御用保安特訓，學會了射擊，還在拍戲期間學習泰語和緬甸語。

「我沒有才華，只能拿命去拼」——彭于晏說。

自認沒有才華的彭于晏，用自律贏得了一切。

著名導演姜文曾這樣說：「彭于晏不是一般人，他自律性非常強，這樣的身體，比古希臘雕塑還漂亮！」這裡的重點不在於裸體的美，而是：自律。演員的職業特性，其實和複合式工作很像，除了拍戲之外，他們的廣告代言、品牌合作、商業合作……工作上各種多元發展，為他們在同時間帶來多元收入，打破了時間和地域的限制。

惰性是常態，自律是天敵

舉村上春樹和彭于晏為例，不是要打擊你對於新工作模式嘗試的信心，也不是要你不要嘗試遠距工作，而是要指出自律力在新工作模式中的重要性，非常非常重要！因為對於一般人，自律是我們的天敵！計劃年年做，永遠實現不了，假期只想在家裡耍廢滑手機，學個英文十年還開不了口，連減重個三公斤有時候都很難，這樣的案例比比皆是。

這些都是常態，因為我們都有惰性。自律真的不是一天二天就可以達到的，而且，當日常工作的成功與否取決於自律的時候，真的要好好考慮，自己是否能夠勝任這樣的工作模式。

我們通常只看到了遠距工作者光鮮亮麗的一面，而忽略了他們的嚴格自律；更忘了有時候當一個公司職員，依照傳統的上班模式上班下班，也是一種安穩的幸福。

但人生不是只求安穩而已，還有很多發展的可能，而且有時候，時代的大變動逼著我們不得不改變，就像這次的全球疫情，推著很多人從上班工作模式轉變為遠距工作模式。

雖然現在因為疫情，我們不能輕易移動地理座標，但是，工作依然透過遠距的方式在全球持續進行。而且，或快或慢，這個疫情一定會過去，到時候，你的遠距工作力就是你在職場上成功的關鍵。

遠距工作模式是一個新的工作模式，更是一種新的生活方式

遠距工作變成常態

FB執行長馬克・祖克柏（Mark Zuckerberg）在今年五月二十一日宣布，未來的五到十年，五十%的FB員工將採取遠距工作。（你可能在想，FB是美國的公司，那和不在美國工作的我有什麼關係？）

請注意，祖克柏強調的是：FB將「積極」雇用能遠距工作的員工。

還有，在Twitter正式宣布員工可以永久在家工作後，Google、Microsoft、Amazon也宣布，在疫情之後，將維持在家工作模式，也就是說，遠距工作會變成在這些大型國

際公司裡更多員工的工作常態，而當國際型的大公司開始進行這樣的變革，遠距工作就會逐漸普及到全球職場，與你我都息息相關。

全球辦公室革命

我們正在經歷全球辦公室革命。過去集中員工在一個地方工作的辦公室工作模式，正在朝向分離化的遠距工作形態邁進。

全球化的人才大戰

FB做為全球前五大科技公司，辦公室遍布世界各地七十個城市，宣布朝永久遠距工作形態邁進，其他著名公司也跟著這樣做，這將對你我所處的全球職場，帶來重大改變。這意味著，對於各國企業，全球即將掀起搶人才大戰，大型公司的人資會打破國界去世界各地挖掘人才，國際人才和在地人才的交叉競爭會越來越激烈。

在過去的幾年，我因為工作關係常常要出差，進行異地辦公，也因為所處的行業，需要在旅行中同時進行工作，曾經在西班牙完全遠距工作超過三個月。近來為了對抗疫情，我在家進行完全遠距工作，不僅發現遠距工作非常高效，收穫了廚藝和荷包的雙增長，並透過線上學習的方式，增加了一些新的工作技能，還重拾好幾個興趣，包括素描和彈琴。

回想自己過去的遠距工作之路，我發現我在遠距工作模式下的工作效率比在辦公室上班高很多，我也變得越來越主動學習，持續增加自己的競爭力。而且每天省去了很多通勤的時間和花費，睡眠時間增加，休息充分，也更有時間專注在做飯和規律的運動，這段時間居然體脂肪下降，皮膚也變好了！遠距工作模式對我來說是一個新的工作模式，更是一種新的生活方式。我還在學習，也一直在不斷的發現它的好處和要面對的挑戰。

Joyce 遠距工作悄悄話

遠距工作模式對許多人來說都是一個新的工作模式，更是一種新的生活方式，或許並不是人人都合適，但是我們都應該要大膽嘗試。

遠距工作所需要的硬實力

「我有點後悔沒有把心理諮商師的證照拿到」Leo 在電話上和我說著，語氣有點沮喪。

「怎麼突然這麼說，你已經在諮商領域工作了六年了，從業經驗豐富。」我有點疑惑道。

「雖然實際的工作經歷還算豐富，但是沒有一張專業證照還是吃虧的，尤其現在因為疫情，很多諮商相關工作都轉為線上進行，更加注重把資訊透明化的放在網上平台。」Leo 擔憂的說著。

你還記得嗎？我們小時候，整個社會對於網路的依賴不深。手機不是日常生活的一環，遠距工作也不普及。在今年之前，沒有人知道會有一個全球疫情讓世界停擺，同時也大大的加速了遠距工作的發展，在這樣的全球職場大變動中，哪些工作硬實力會更加重要？

雖然現在因為疫情，全球旅遊業、航空業、飯店業、餐飲業……許許多多的服務行業幾乎全數進入冬眠期，但是線上醫療產業、線上諮詢產業、線上教育產業、線上通訊產業……等卻在經歷「轉大人」的爆發式成長。

遠距工作硬實力 Check List

二〇二〇年遠距工作的被迫成長和常態化，我認為以下五個硬實力，都是不可忽視的，如果能全部囊括那當然就更好啦！

1、數位能力

數位化是遠距工作的基礎，也是和傳統工作最顯著的不同，所以運用電腦、各類型軟體、Apps、線上平台工具、電子郵件、視訊會議、電話會議、即時通訊、電子專案協作工具，以及使用網路的綜合能力，是成功玩轉遠距工作的必備硬實力，也是最重要的硬實力。

2、完整學歷

除非你是像比爾蓋茨那樣的天才，或是出生於豪門權貴之家，否則學歷對於目前的職場來說依然是非常重要的，千萬別輕易輟學。進入遠距工作圈也是如此，尤其很多公司和單位在招聘新人的時候，都會要求大專以上學歷，還有些會要求碩士以上。所以，學歷在硬實力裡面還是名列前茅的。

3、資格證書

很多專業性非常強的工作種類，必須要取得相關資格證書才能在職場工作，例如：醫師、律師、教師、會計師、護理師、金融分析師、審計師、心理輔導師、營養師……等，這些資格證書的取得，對於個人的專業能力有關鍵性的背書作用，沒有這些資格證書，基本上是不能從事相關職業的。而在遠距工作時，這些證照都能在線上透明化的看到，就變得更加重要。

4、專業技能及其認證

從小到大，常常聽到這一句話：如果身懷一技之長，就餓不死。這句話到現在還是非常適用的。在這個時代，工作種類越來越多，分工越來越細，各種領域都有專業技能的認證，例如：廚師、美甲師、美容師、美睫師、美髮師、體適能私人教練……等，或是筆譯、口譯、同傳證書……等也非常重要，這些專業技能及其認證，都有助於遠距工作的進行。

5、語言能力及其認證

隨著全球經濟的快速發展，各國的商業交往頻繁，遠距工作更是需要流利的語言能力。除了自己的母語外，再掌握一門或多門外語，能夠流利使用，這是在遠距工作圈裡必須要有的硬實力，如果有語言能力的認證就更加如虎添翼了。

以上的硬實力對於能否順利進行遠距工作至關重要，看看自己缺少了哪些技能，利用眼前這個大鎖國時間、缺少旅遊誘惑的空檔，好好在家裡培養自己所需要的遠距工作硬實力。

擁有硬實力，遠距工作才能建立在一個穩妥的基礎上

雖然說遠距工作是一種工作模式，但是它也會影響到我們的生活方式。遠距工作達到在工作空間上的自由，也會讓我們的生活擺脫舊有的規矩和束縛，自由的工作和生活方式，是能夠創造和建立滿足感的。

遠距工作的發展，推進了我們新工作思維的成型，工作是為了更好的生活，它不應該是束縛和限制，雖然目前來看，很多人在進行遠距工作是出於無奈，但是同時間，這也是探索未來，往前邁進的試驗。當我們的工作方式進化成另外一種模式，一定也會影響我們的生活方式。要想往更好、更自由，還有更能有自主支配權的生活方式前進，就要有相應的能力才能得到。

五個成功遠距工作的硬實力：數位能力、完整學歷、資格證書、專業技能及其認證，以及語言能力及其認證，會使你的遠距工作建立在一個穩妥的基礎上，讓你能夠快速前進。

遠距工作所需要的軟實力

「我可能要被裁員了」Sasa 發來 Line 訊息。

「怎麼了？」我馬上打電話去問她，心理很擔心。

「從今年初公司的香港業務就不太穩定，之後，因為新冠肺炎疫情，美國市場和歐洲市場也不行了，公司整體獲利都在下降，我覺得我的工作不保。」Sasa 憂心忡忡的說著。

「我記得你之前有做過一些網頁設計的接案，是不是趁著還沒正式被公司通知資遣，你趕緊開始看看是不是有相關的案子可以接？你試過遠距工作嗎？」我在嘗試幫她找解決方案。

「我接過，但是我不太會安排不在辦公室工作的時間，還有遠距工作……我怎麼找到見不到面的客戶呢？」Sasa 開始問我很多關於遠距工作的問題……

遠距工作可以帶來工作的空間自由，讓邊工作邊旅行不再是不可能的夢想，有越來越多人開始了一種不用在辦公室上班的工作方式。而今年新冠疫情的全球大爆發，大大推動了遠距辦公的普及。遠距工作在世界各國的眾多企業裡越來越普遍，時至今日，數以百萬計的員工已經利用各種電子工具，電腦、手機、Apps、遠距辦公軟體……等，在全世界各地完成工作。甚至有些公司，已經完全變成沒有實體辦公室的「遠距公司」。

在新冠肺炎爆發之前，遠距工作在美國、加拿大、英國、德國、北歐各國……等西方國家已經十分普遍，但是這樣的工作方式在亞洲許多國家還是相對較少。新冠肺炎在全球各國爆發之後，COVID-19 病毒的傳播迫使各國的遠距工作大規模實行。很多員工都是第一次接觸這樣的工作模式，在心理上和工作能力上對於這種新的工作方式還沒做好準備，很多管理層也面臨不知如何帶領遠距團隊的問題。

你有沒有認真思考過，如果你被迫不能去辦公室工作，不能外出，只能在家工作，你有沒有辦法依然高效工作，維持在辦公室的工作產出？還是只能被迫接受無薪假？又或者，你一直想要邊旅行邊工作，達到工作空間自由，你有能力在全世界找到客戶並且好好的完成工作嗎？

多年以前，我在沒有計劃的情況下，踏入了遠距工作圈，後來因為在澳洲北昆士蘭旅遊局的工作，每年總有許多的時間需要「一邊旅遊，一邊工作」，外加各種的出差、論壇和行業推介會……遠距工作和遠距管理變得相當嫻熟，慢慢的也練就了很多遠距工作的能力。直到今年新冠肺炎大爆發，接到工作單位的通知，從此在家裡遠距辦公變成常態，也是在今年，我加入了遠距工作平台 Contra，開始認識更多世界各地遠距工作的人，甚至從 LinkedIn 竟然有一家投資公司邀請我遠距擔任他們的社群媒體顧問。自此，我的工作和遠距已經融合在一起。

後來我很認真的去思考，本來我想要遠距工作的原因，可能只是好奇想要嘗鮮，然後衍生成想有更多工作的自由度；多年以後，我發現「遠距工作」不只能讓我擁有工作的空間自由，或是在旅行的時候也能工作，更重要的是在這種疫情蔓延的危急時刻，遠距工作也能讓我安心宅在家工作，減少讓自己曝露在危險的情況下，同時又能持續工作，保證固定的現金流持續進賬。如果你也想要一份不被地點限制的工作，成功玩轉遠距工作，有七個必備軟實力，是你一定要擁有的：

一、時間管理的能力

遠距工作最大的挑戰之一就是：時間管理。因為當你再也不用在規定時間內上班，也不會有主管盯著你完成工作事項，你要靠自己的自律來管理時間和完成工作，你覺得你會變得很有效率？還是日夜顛倒生活工作都是一團糟呢？

假如沒有建立起時間管理的能力，從規律的生活習慣中去有效的完成工作，很可能會導致某幾天工作很勤奮，然後某幾天又很懶散。所以，將生活裡的例行事項和工作計劃變成一種可實行的規律習慣，然後給自己規劃好時間表，例如早上七點半起床、刷牙洗臉化妝、吃早餐；早上八點半到十一點半固定三小時集中精力工作；十二點吃午餐；下午一點午休三十分鐘；下午一點半到五點半是集中精力工作的第二個時段……以此培養日常生活規律習慣，並將管理時間變成生活中必不可少的一部分。

在每天工作結束的時候，大概整理一下今天未完成的工作事項，可以善用 Asana, Monday 這些專案管理的工具來幫助我們，清楚的知道尚未完成的工作事項還需要花多少時間，並且可以設置工作的截止日與提醒，來確認自己的工作進度。在做工作的時間規劃時，必須思考每一份工作的輕重緩急與先後順序，再合理安排每一項工作的時間，這樣你的工作就能安排妥當且有效率。

二個時間管理的小祕密：

1、想要建立更好的時間管理能力，除了一定要訓練自律外，另外要多多觀察自己和瞭解自己的工作狀態，記錄一下自己一整天在做什麼？完成了什麼？如此一來，你就會知道自己在什麼時間點和環境下工作最有效率，更好的去做時間管理。

2、如果你給自己營造一個良好的工作環境，那你的時間管理會事半功倍，例如：不管在哪裡辦公，你的辦公空間一定要整齊，協助你辦公的用品也要齊全，才不會浪費時間在找尋需要的文具或是工具上。

二、拆解任務的能力

遠距工作無法面對面進行溝通，所以全面的理解客戶或是老闆交代的工作，然後進行任務拆解，是一個必不可少的能力。所謂的任務拆解，就是在工作中，把工作的目標變成可以立即執行的、每天的工作事項和任務。

很多大型企業人資在進行工作能力測試的時候，要快速判斷一個人的工作能力強不強，不是去考究他的學歷有多高，或是過去的工作經歷背景有多耀眼。最直接快速的方法，是給他一個實際工作上遇到的一個難題，讓他說明要如何解決這個難題。如果能夠把難題進行拆解，把大目標變成階段性小任務，就能馬上找到可以立即著手的工作項目和順序。

可是，到底要怎麼拆解呢？

例如，你為一家公司經營社群媒體平台生態系統，臉書、IG、LINE，微信、微博，並要在一個月內增長粉絲量、閱讀量和互動量二十％。為了完成這個目標，你要能把設定的目標，分解成可以在每一周執行的單項工作任務，或許是增加發文的次數、或許是設計社群媒體線上活動……等，而每一個分解出來的工作任務，都可以推進你完成這個目標。

再來很重要的一點是，你要能夠去抓出這個目標裡的核心，這就是分析能力、邏輯思考能力還有整理資料能力的綜合表現。我們還是以上面的社群媒體經營為例，你要去看你的眾多平台裡，哪些是你的主戰場，要放最多的時間和精力去推廣，哪些是次戰場，只需要把主戰場的內容簡化或是換句話說就可以放在其次的平台上。具有良好的拆解任務的能力，就能有效地提升你的工作效率和釐清工作重點，這樣，就能幫助你快速的完成工作目標。

三、徹底執行的能力

遠距工作時沒有人會盯著你，在你身邊給你壓力，督促你在規定的時間內完成工作。所以，你必須自己建立一個徹底執行工作任務的系統，說的簡單直接就是：**自己建立一定的工作流程、工作規範，還有追蹤工作的制度**。這樣你就能按部就班的徹底執行工作內容，把要做的工作任務逐步完成。

很多人都會誤解，遠距工作很爽，沒人管，可以在家工作，或是在咖啡廳工作，或是邊旅行邊工作，然後又誤解成每天都可以睡到自然醒，工作進度都沒主管盯。其實如果你這麼想，那就真的大錯特錯。請別把在家放假或是出門旅遊和遠距工作畫上等號，如果你這麼看待遠距工作，這其實是錯誤的開始，也代表你根本沒有準備好進行遠距工作。假如沒有建立一個有合理流程以及工作紀律的系統，你就無法確保你可以按時執行工作內容，並保持高效的生產力。沒有執行的能力，也是很多傳統企業擔心員工遠距工作或是在家工作的主因之一，因為他們很害怕員工缺少了主管的實體管理，在辦公室內的走神和開小差，到了遠距工作就變得更散漫無效率。

如果你是自由職業者，自己是自己的老闆，那更要有嚇嚇叫的執行力，給自己制定一套工作紀律，用「自律」去確保工作執行，完成任務。建立屬於你的工作紀律和工作系統，徹底執行工作內容，如期完成，這樣的能力，才能讓你在遠距工作中如魚得水。

建立工作系統（working process），讓你的執行能力如虎添翼的小祕密：

工作系統包含的範圍很大，例如每天在使用的 Email、線上專案管理軟體、手機 App……等，你可以利用這些來規劃你的工作內容、執行的方式和時間。工作系統可以協助你安排：什麼時候要做完專案內容、幾點到幾點要處理工作 Email、幾點安排工作追蹤 Follow up 等等。這樣的系統，應有盡有，你要找到適合自己工作方式的那一種，它能夠為你節省時間，少做很多瑣事，也能避免重複做已經完成的工作內容。有時候，回到最基礎的，用紙和筆，寫好大字報，放在自己的工作區域最明顯的地方，這樣的「原始」工作系統也非常有效哦！

四、有效溝通的能力

在工作中有效溝通是非常關鍵的。有研究顯示，在溝通過程中，肢體語言占五十五％，語氣和聲調占三十八％，而語言內容只占七％。當我們在遠距工作時，不能與同事、老闆、客戶……面對面溝通的時候，該如何有效溝通就變得更為重要。

遠距工作最擔心遇到的情況，也是常常會遇到的情況就是「對方以為你懂了」，或是「自以為對方聽懂了」，但是其實雙方根本沒有完成有效溝通，沒有完全明白對方想要表達的；或是「溝通完畢，對於工作事項的瞭解程度只接收了六十％」，想當然爾，之後的工作成果，可能就會降低到了四十%或是更少。在遠距工作的過程中，如何能清晰表達，達到有效溝通，也是決勝的關鍵。

首先，千萬不要怕重複溝通和確認，先簡述你目前正在處理的工作事項，例如：「我在做A公司下半年的推廣活動策劃案」；再來說明工作內容和細節，「推廣活動策劃案大約完成了五十%，但在媒體合作的名單上，完成的進度落後」；還要說明可能遇到的問題，「之前A公司有出現過產品被消費者投訴的問題，有些媒體可能會對於合作有疑慮」；對於可能遇到的問題再進行溝通，「對於這個產品被投訴的問題，我做了比較深入的資料搜尋和調查」；最後溝通可行的解決方案，「或許可以直接和幾家主要的媒體深入聊一下，先看看他們的合作意願以及可能有的疑慮，然後利用機會盡量說明。」

在這樣的溝通過程中，與主管和同事做工作方向以及可能會遇到問題的確認，有任何疑問馬上要提出，也別怕重複溝通，以避免會錯意或是有誤解。

另外，遠距工作也要和團隊以及主管或是客戶保持良好的溝通管道，許多支持遠距工作的外商公司，都有利用各種線上溝通軟體來幫助團隊有效溝通，例如：Slack，TEAMs，Skpye等。在線上非正式的溝通，例如跟大家說個早安，關心一下同事在世界另一端過的如何，還有，雖然是遠距工作，工作時間必須要有規律，你不能突然消失，讓人找不到你，如果有事需要離開在線模式，那也必須事先溝通一下，例如：「我今天下午三到五點不在線，因為要做一個設計圖，需要專心，有急事請打我手機。」

還有，千萬別用「猜想」去理解對方的溝通內容而不「確認」。我在瑞士工作的老闆曾經這樣教我：「In business communications, you can never assume.」簡單的說就是**在工作場合內的溝通，你永遠不能臆測，要不厭其煩的溝通，確保對方真的聽得懂，而且真的聽進去，重複確認，才不會有所遺漏，並減低誤會產生的機率。**

五、自我學習的能力

在職涯發展的路途上，最重要的一個前進動力，就是自我學習的能力。清．劉開《問說》：「學無止境」；孔老夫子說：「三人行必有我師」，意思就是說，我們要在自己的工作中找到不同的方式去持續的學習，不斷地精進，每一個人的工作需求和發展都不相同，每一個人都有屬於自己的辛苦和困難要去克服，而你是你自己最好的導師，因為只有你自己能夠持續的推進自己學習的動力，讓你即便在離開校園之後，還可以持續的提升自己各方面的能力，還有更重要的是，透過不斷自我學習的能力，去越過工作上一個又一個挑戰。

而在遠距工作上，自我學習的能力顯得格外重要！我想你一定在工作場合中遇到過這樣的同事，總是問很多 Google 上面就可以查到答案的問題；你也一定遇過這樣的同事，永遠都只願意做自己習慣的工作，對於超出自己習慣或認知以外的事情，一概不理會也沒興趣。這二類同事，和自我學習能力完全背道而馳，他們可能從出了校園後，就再也沒有拿起書本，也不會投資自己去學習新的技能，如果職場風暴來臨，你覺得誰會先被大風吹走？

我想很少人不願意花幾十塊錢來買一杯珍奶，我們甚至願意花大錢滿足口腹之欲，我們也願意花大錢在化妝品、保養品、醫美、減肥、健身……等讓我們的外在變得更好的東西上。但你有沒有想過，你想要有更好的工作，更高薪的職業，更多元的收入來源，更國際化的職涯，更自由的工作方式，但卻不願意投資自己的內在？

你上一次買書是什麼時候？你上一次交學費去學一個新技能是什麼時候？你上一次去圖書館是什麼時候？你上一次在利用網上資源學習而不是享樂是什麼時候？

照理說，連哈佛大學、耶魯大學、清華大學……都有數不盡的免費公開課程，人人皆可利用，自我學習，然後得到新的知識和技能，你怎麼不用呢？而遠距工作，是非常考驗你的自我學習能力，因為你必須在日常工作中獨立搜集資料和尋找問題的答案，所以能否有良好的自我學習能力，絕對是必須的。

六、自我行銷的能力

有很多人對於遠距工作心存疑慮，主因之一是不知道沒有在辦公室裡工作，如何讓老闆看到自己的努力成果？如果是自由職業者，如何在遠距工作裡找到新的機會和拓展客戶？這些問題，都需要你勇敢自我行銷的能力來解決。你要成為自己的行銷經理，擁有自我行銷（Self-Marketing）的能力。

許多想要踏入遠距工作圈的求職者會有這樣的疑問：「如果用視訊進行遠距面試，要怎麼讓對方看到我的優勢，戰勝其他競爭對手，而被錄取呢？」

對於從實體工作轉成遠距工作的員工會有這樣的問題：「不在辦公室工作，見不到主管的面，要怎麼樣讓主管看到自己的工作表現？要如何和團隊合作？在評定考績的時候，如何去談升遷或加薪呢？」

很多自由職業者，在遠距工作圈會有這樣的困擾：「我們在線上如何開發新客戶？如何通過遠距工作方式讓客戶對我們的產生信心？」

答案還是，你要有強大的自我行銷的能力。

自我行銷，不是一股腦地吹噓自己如何如何好，而是你要瞭解自己的優勢和缺點，你的特別之處，你能夠為一份工作、一家公司帶來什麼價值，這和行銷一項產品和服務有異曲同工之妙。

在遠距面試的時候，你可能會面對多位面試官，也同時有眾多競爭對手，公司為什麼要選你？你要在有限的時間內，依據面試官的問題，把你認為應該要錄取自己的理由都說明清楚，在做準備的時候記得要有條理的列出來，免得一緊張就遺漏了。還有，雖然是線上面試，你還是要注意自己的妝容，加上要有適度的肢體語言來配合你的表達內容，整體性的來說服你的面試官。

當你開始遠距工作時，要用各種輔助工作的系統，和主管保持溝通，你必須有「存在感」，很強烈的存在感，讓主管雖然看不見你，但是可以感受到你的工作存在。另外，要記得把你每天的工作內容，每周的工作總結，還有你對於工作的想法和建議都做記錄，如此一來，當你的主管詢問你每天的工作進度，你不會手忙腳亂，或是當你提的方案或是企劃被採用的時候，這些都是你的主管會看見的工作成效。

遠距工作者開發新客戶也是一樣的道理，你的客戶想要知道的不是你有多厲害，而是你如何能夠為他們帶來最大的效益，在相同的時間和薪資中，給予客戶最滿意的工作產出。因此，當你在自我行銷的同時，最重要的是「讓對方瞭解雇傭你的益處」，這會給客戶帶來信心，也會說服對方雇用你。所以，自我行銷的能力並不是一味的說自己有多好多厲害，而是站在對方的角度來思考，然後用自身的經驗作輔助。

自我行銷的小訣竅：平時就要累積自己的工作成果、推薦函、個人作品、社群媒體經營……等，這樣會讓你在自我行銷的時候更加順利。

七、解決問題的能力

在工作當中，我們會不斷地遇到很多問題，如何面對和尋找解決方案，這是一個必備的能力，而在遠距工作當中，這項能力可以說是必不可少。因為當你在遠距工作時遇到問題，你的主管和同事可能都不在身旁，你是不是可以自己解決？還有，遇到問題時如何和上級溝通，然後和團隊合作解決，這也是非常關鍵的。在遠距工作中，解決問題的能力越強，你的工作就會越容易進行。

工作中遇到的問題可能很容易就解決，也可能很復雜，影響的層面，不僅是你，而是整個團隊。首先，你要知道，在遠距工作中面對問題是常態，每天你都會面臨至少一個，或是更多要解決的問題。當你已經有了心理準備後，這些問題就變得沒有那麼「讓人害怕」。再者，你要能夠分析問題，然後嘗試去找出解決方案，有時候，你可能嘗試了多種解決方案還是無法解決問題，但是只要你很主動的去想解決方案，你的主管也會知道你為了解決這個問題付出的努力。

而解決問題的難點，在於需要找到處理它的最佳方法和技巧。

要想順利而從容的解決各種問題，處理起來毫不費勁，不需要你IQ一八〇，而是需要你不斷地練習。解決問題的能力像是在重訓中訓練肌肉，你越練習，就會越知道該怎麼去應對。

如果不想坐辦公室，而達到工作空間自由，說走就走的旅行還能兼顧工作，實現在哪裏都能遠距工作的夢想，那以上七個軟實力必須先修煉出來！

PART 2

遠距工作的迷思

一定要先成為自媒體才能遠距工作嗎？

自媒體這三個字，充斥在我們的生活當中，每個人的身邊都或多或少有在做自媒體的朋友。根據中國青年報社會調查中心聯合問卷網，針對一千八百七十名十八至三十五歲的青年進行的一項調查顯示，七十二%的受訪青年稱「身邊有做自媒體的人」；四十五·六%的受訪青年「做過或是正在做自媒體」；五十二·八%的受訪青年對「利用自媒體平台發展職業有具體的目標或規劃」。

自媒體和遠距工作的關係

自媒體，顧名思義就是透過網際網路、現代普及的科技和電子通訊設備，以及社群媒體平台的發達，每個人都能發揮傳媒的功能。英文是：self-media 或 we media，也稱為草根媒體、個人媒體、公民媒體……等。有很多人也因為成功經營自媒體而賺進大筆金流，例如當紅的 Youtuber、Podcaster，他們當中很多人，甚至取代或超越了本來的正職工作所得。

因為自媒體需要有網際網路、現代普及的科技和電子通訊設備，以及社群媒體平台才能運作，而對於地點的依賴程度非常低，只要以上的必要條件符合，自媒體工作者可以在世界上任何一個角落工作。而自媒體工作者因為沒有辦公地點的限制，有很多自媒體工作者同時也是遠距工作者。

在美國的一項「千禧世代最佳職業」（Best Jobs for Millennials）調查當中，針對全美各地一千多名年齡介於二十至三十四歲的年輕人進行訪查。調查結果顯示，千禧世代年輕人認為，求職首要考慮的要素就是「薪資水準」，第二大考量要素為「工作與生活的平衡」。從這份調查結果可以看出，美國年輕人所追求的不只是一份高薪的工作，能夠達成他們心目中理想的生活品質也非常重要。而排名榜首的職業是：網頁開發師

（Web Developer）。

對於千禧世代的年輕人來說，他們生在數位時代，完全沒有經歷過無網路的社會，大多數對於科技新知接受度非常高，在生活的各方面，對於網路和新科技的使用率也非常高。而擔任網頁開發師的工作，除了在公司企業或機構組織裡會有很多工作機會，也可以透過接案的方式成為獨立工作者。還有，在許多情況下，網頁開發師是可以進行遠距工作的，這樣的工作地點自由，讓千禧世代的年輕人非常嚮往。

常見迷思一：

我要先成為自媒體工作者，甚至是網紅，才可以遠距工作？

錯！人人都可以遠距工作，只要你有專業、技術和才能，還有穩定的網路，就能遠距工作。

台灣從當年很紅的無名小站，捧出很多的知名部落客；然後臉書開始在人們之間迅速地蔓延開來，臉書專業粉絲團也催生出一波又一波的臉書紅人；再來是Instagram、YouTube、Twitter、WeChat、Weibo、TikTok……，鋪天蓋地的社群媒體平台，又成就了許許多多的自媒體達人和直播主。

近幾年開始有很多的人做 Podcast 音頻節目，也是捧紅了一批又一批的自媒體音頻節目主持人，對於自媒體工作者和遠距工作之間千絲萬縷的關係就更加有趣了。

我有一個朋友是專業電腦工程師，他英文超讚，所以他也是電影字幕師，他現在還在線上教電影字幕翻譯，他臉書只有親朋好友，不玩 IG，他依然玩轉遠距工作。另外一個朋友在一個完全遠距公司裡擔任大客戶關係經理，他是屬於社群媒體潛水者，依然全職遠距工作。

說到遠距工作，我們就一定得再延申：「自由工作」的工作方式。

什麼是自由工作？自由工作有以下幾個特點：

- 自由工作有高度的自主性，能自主決定接案的數量和自行安排工時。
- 自由工作的酬勞是「按件計酬」，可以理解成接案，沒有案子做，就沒有錢拿。
- 自由工作多為不重複、一次性的接案，當然有時候因合作良好，會重複合作。

那，什麼是自由職業者？自由職業者，俗稱Freelancer，實際上的定義是：Self-employed，意思就是，自己雇用自己，香港的翻譯是「自雇人士」。根據《韋氏大詞典》（Merriam-Webster），自由職業者是腦力勞動者（作家、編輯、會計、演員、藝術工作者……等）或服務提供者，他們不隸屬於任何組織，不向任何雇主作長期承諾而從事某種職業，他們在自己的督促下自己找工作做，經常但不一定都是在家裡工作。

自由職業者可以不進辦公室工作、在家工作、在不同咖啡館工作……打破地點限制，接案工作、零工工作……把工作傳統模式打破，以一個案子、一個案子的方式來計算，這樣的工作方式，現在正夯。而這樣的工作模式，在未來會持續在全球高速發展，今年的疫情，也會大大推動這樣的工作模式的成長。

在台灣，二〇一四年統計約有一百三十一萬的自由工作者。美國自由工作平台（Upwork）以及自由工作者聯盟（Freelancer Union），在他們的報告數據中指出（二〇一九年十月三號），全美國有超過五千七百三十萬人從事自由職業，人數不僅年年增加，其中Z世代（就是出生於一九九五年至二〇〇五年之間的人），有五十三％屬於自由工作者，這個比重真的很驚人！

目前台灣常見的接案工作者，可分為兩種類型：一種類型為承攬，一種類型為僱傭。其中僱傭的接案工作者必須遵守《勞動基準法》的相關規定，而很多法律相關規定還跟不上這樣的工作模式發展。所以，如果你是這樣的自由工作者，請小心閱讀你的合約，以確保自己的權益，還有自己要注意投保相關保險，確保自己的工作安全。

常見迷思二：

一定要是科技高手，才可以遠距工作？

錯！只要你有電腦、有網路，就可以了，你不需要是什麼科技鬼才。

遠距工作的種類非常繁多，我們從全球著名的遠距工作職缺平台 We Work Remotely 就可以知道，包括：市場行銷、設計、文案、管理、編程、客服、財務……等。而職缺包括市場負責人、運營總監、廣告經理、社群經理、文案專員、工程師、客服……等。基本上，傳統工作裡的許多工作種類，遠距工作都有，有些新興的工作在遠距工作職缺裡反而更多。例如有一個 Podcast 播客主管理總監的職缺，是一個完全遠距的工作，招聘者是一家美國公司，但是並不限制人才在哪裡，只要符合他們的招聘條件，有才華有能力就可以申請。這個職務是我在一般傳統的人力資源網站沒有看到過的，非常的有意思。

遠距工作和自由工作的關聯

遠距工作就是因應全球網路和新科技的發展而興起的工作形態，它可以是全職，可以是兼職，可以是自由職業。比較廣泛的定義是：只需要電腦、不限定工作場合就可以工作為生。和數位遊牧工作（Digital Nomad）有類似之處，但也不盡相同。所謂的數位遊牧工作者，顧名思義，就是「遊牧式」的工作型態，今天在台北家裡、下周在韓國咖啡廳連線、下個月可能就飛到了南美；而遠距工作者有可能是在家或在其他非辦公室的地方工作，或是在同一個地方，而工作的來源、客戶、老闆、同事在地球的另一端。

那遠距工作可以是全職嗎？當然可以！許多大企業例如 Google 和 Airbnb 都有全職的遠距工作員工，享受所有正職員工的福利和待遇。Google 在全球有超過十萬名員工，在一百五十個國家都有辦公室和據點，跨國團隊間遠距工作天天在發生，Google 為此還研究了高效率的遠距工作方法；還有 Airbnb，很多工作是遠距的。但身為一個數位遊牧工作者就不一樣了，大部分的情況下，你不會享有公司的福利或保險制度。

自媒體與遠距工作者的收入方式簡表

收入方式	說明
寫作流量收入	在自媒體平台寫作獲得的現金獎勵
廣告合作收入	出租廣告位或是業配獲得廣告收入
行銷聯盟收入	與其他產品合作銷售獲得的分成收入
付費服務收入	為粉絲提供服務獲得收入
線上產品收入	在自媒體平台上出售線上產品獲得收入
產品銷售收入	直接在自媒體平台銷售產品
寫作打賞收入	粉絲給文章的打賞收入
訂閱服務收入	在自媒體頻道上採用付費會員制

自媒體工作者和遠距工作者異同處比較

遠距工作者 remote worker （Full time 全職）	自媒體工作者 we media （Full time 全職）

相異之處

遠距工作者	自媒體工作者
・薪資穩定（雙週薪、月薪，或是年薪）。	・經營前期收入有限且不穩定，成功經營者可以在一定時間後達到收入穩定。
・享受傳統正職工作完整福利，例如保險、帶薪年假、帶薪產假…等。	・需自己負責勞健保，且無帶薪年假產假等福利。
・職務範疇由公司規範，工作內容明確。	・工作內容繁瑣，有下游都要總包的情況。
・領薪水完成指定工作的員工。	・個人品牌創始人和擁有者。
・站在公司的品牌立場做考量。	・站在自己的個人的品牌立場做考量。
・公司有明確的管理和分工安排。	・需要一人分飾多重角色，尤其是前期。
・通常有上級管理，需回報上級工作進度。	・沒有上級管理，工作進度自己負責。
・公司通常會定期舉辦員工活動。	・自己決定參與什麼活動、自己建立人脈。
・通常有規定的上下班時間。	・自行安排工作時間。
・按照公共假期和公司制度休假。	・自行安排休假時間。

相同之處

工作場所自由、需要強大的自律能力和時間管理能力、懂得善用線上協作工具、二者工作皆可以帶來高薪收入。

Joyce遠距工作悄悄話

自從網路普及後，越來越多經由網路而發展出來的工作機會和創業機會，尤其是那些可以讓原本上班的薪水族，搖身一變成為自我品牌經營者。這樣的工作機會和創業機會成為當紅炸子雞，人人都想要來一份。「斜槓青年」這個名詞以及「自媒體」紅遍大街小巷，很多人都迫不及待地要把自己的老闆開除。

如果找不到合適的好工作，或是現在的工作很讓你抓狂，或是你有很棒的點子和商業模式，「創造一個好工作」的確是一個很好的選擇。

不久前，我在音頻節目中採訪了一位在德國工作的台灣女生，採訪結束後她問我：「Joyce你會想要全職做自媒體嗎？」我毫不猶豫的說：「不會」，因為我很喜歡我的工作，再加上我現在可以以遠距的方式工作，更加覺得很有發展前景。

不管你要選擇哪一種工作方式，一定要找到適合自己的那一種。

遠距工作都是自由職業很不穩定？

週末的午後，我和幾個閨蜜在 LINE 上聊天，大家專注於遠距工作是否穩定這個議題上……

「我很想要嘗試遠距工作，但是想到要放棄現在每個月固定的薪水，就馬上打退堂鼓。」Tara 和我們分享她對於遠距工作最核心的擔憂。

「對呀！我也是一樣的，覺得遠距工作很彈性，很想嘗試，但是我覺得遠距工作就像是自由接案，如果客戶不穩定，那該怎麼辦呢？生活上總有這麼多開支，沒有穩定的薪資進來，心裡就是沒有安全感。」Yolanda 的擔憂也是一樣的。

「可是，我老公的工作就是遠距工作，也是按照一般公司一樣每個月領薪水，也有相應的福利和保障，我們沒有覺得不穩定，非常享受可以上班地點自由。」Zina 和我們分享她先生的全職遠距穩定工作現狀。

「我同意 Zina 說的，我幾個前同事也是完全遠距工作，現在的公司也是完全遠距的型態，員工遍布在世界各地，整體大約有一百多人都是全職工作，除了有穩定的薪水外，也都有完整的保險保障以及員工福利。」我和幾個姐妹們說到我在德國公司一起工作的幾位前同事目前的遠距工作情況。

迷思：遠距工作都是自由職業，很不穩定。

其實，這真的是一個非常錯誤的訊息，但人們卻很容易相信，為什麼呢？因為有很多人會把「遠距工作」和「自由工作」兩者混淆，因為它們都滿足了工作地點自由的特性，也就是我們常說的「工作地點獨立（Working Location Independent）」此外，你常會看到有很多自由職業者在進行遠距工作，讓許多人誤解為遠距工作都是自由職業，擔憂它的不穩定性。

首先在這裡清楚的說明，這裡在討論的是「遠距工作也可以很穩定」。還有「全職遠距工作者」和不用進辦公室、在家創業的一人公司、自媒體、自僱者……等，是不一樣的。

我們再來看看一〇四及一一一人力銀行的遠距工作職缺，也就不難理解為什麼很多人會有這樣的錯誤印象了。在人力銀行輸入幾個關鍵字：遠距工作、在家工作、可在家工作，就會跳出很多遠距工作的職缺，而這些職缺裡面，很多都是標明「論件計酬」，不是以全職工作來支付月薪。

我們在定義一份工作是否為好工作時，除了會考慮薪資水準、工作內容、公司文化、公司發展前景……等因素，工作穩定度、保險及福利制度，更是每個人在選擇工作時注重的關鍵。因為一份工作為你帶來的保障和福利，和你的生活品質息息相關，也是衡量公司是否能有發展空間的依據之一。

而全職的「遠距工作」形態，就是不用進辦公室工作的「全職工作」，也就是「工作地點不固定在辦公室的全職員工」，並不會因為工作形態是遠距而減低了穩定度和整體福利。相反地，有些完全遠距公司，為了讓員工的遠距工作更加順利，遠距工作的時候更積極，還會在公司福利方面增加很多一般非遠距公司所沒有的福利。

我們再來看看更著重於遠距工作的平台職缺，例如：Slasify 平台上的全職遠距工作職缺，都是以月薪來計算，公司並提供相應的保險和福利。

全職遠距工作是一種工作形態，工作事項是透過線上協作來執行，這樣的工作者與一般在辦公室上班的職員，最大的差異就在於「辦公地點」——是否要進辦公室或是不進辦公室。其他各個方面，包括職員身分同樣是公司正職員工、享有公司的保險和福利（勞健保、休假、國定假日、產假、獎金、年終……等等）。

根據台灣勞動部規定，全職工作者享有的法律保障，應該包含如下表。這是全職工作者都要有的保障，如果是全職遠距工作，也應該要享有如同在辦公室全職工作者一樣的法律保障。而在不同的國家，也是依據當地的勞工法律來保障全職員工。

資料來源：勞動部

基本工時	每週工作時數達到標準工作時間，每日不得超過 8 小時，每週不得超過 40 小時
薪資	固定薪水，按月計酬
加班費	每日工時 8 小時，第 9 至 10 小時，加班薪資為正常薪資加計 1/3；第 11 至 12 小時，加班薪資為正常薪資加計 2/3；一天工時不得超過 12 小時
年資計算	依到職日起算
休假	有國定假日與個人特休，依政府與勞基法之規定以日及天數休
請假	婚喪病事假等皆依勞基法、勞工請假規則
產假	女性勞工於分娩前後，應停止工作，給予產假 8 星期
解雇及資遣	依勞基法予以勞工資遣相關費用

另外，根據不同公司的規定，公司福利部分可能還包含：三節獎金、進修獎勵、員工旅遊、調薪制度、其他津貼……等等，全職遠距工作者應該與一般辦公室全職員工一樣享有；因此，我認為大家對於全職遠距工作需要更深一層的瞭解，也不應該被既有的迷思所限制。

在台灣的全職遠距工作者，如果是被外商公司或海外公司聘用，就要注意海外員工的薪資及合約相關問題，另外就是要注意如何投勞健保，以及海外收入的稅務問題。

在台灣全職遠距工作方興未艾，尚未有專門相關法律的保障，可能會陷入法律相關規定的灰色地帶中。所以很多遠距工作者要注意保障自身權益，以下是目前遠距工作者進行遠距工作時，可能會遇到的幾種狀況：

1、在台灣的遠距工作者和國外的公司簽訂雇傭合約，在台灣進行全職遠距工作。

2、在台灣以非全職工作者身分進行遠距工作，薪資福利等由雙方協商訂定。

3、在台灣以全職員工身分工作，依照勞資雙方自行協商訂定的工作合約。

4、目前在台灣進行全職遠距工作，很多還是以雙方自行協商訂定的工作合約為主。規定的內容包括：

- 工作時間，上下班時間和工時。
- 薪資支付，月薪和何時發薪。
- 工作配備，是否提供軟硬體工具。
- 保險福利，勞健保、休假等。

全職遠距工作者 vs. 完全自由接案師

1、「全職遠距工作者」，就是「工作地點不在固定辦公室的全職員工」。

全職遠距工作者，其實就是和一般公司全職員工一樣，只是工作地點不限定於辦公室裡，最大的特點就是薪水穩定而且有工作空間的自由，缺點是「它其實和一般的公司職務差異不大」，全職遠距工作者是公司的員工，受雇於人就要遵守公司的規則，可能還需要通過線上通訊軟體告知主管上下班時間，如在公司一樣進行「上下班打卡」或是「與主管報備」。既然是在一家公司裡服務，雖然工作模式為遠距工作模式，還是有公司特有文化以及制度，而每個員工都需要去適應及遵守。現在全球因為肺炎疫情的蔓延，對於遠距工作的需求越來越強烈，所以衍生出非常多公司開始釋出更多的全職遠距工作職缺，對於遠距工作的薪資以及福利也有更好的前景發展。如果你追求的是工作地點的自由，以及順應時代潮流發展的工作模式所帶來更多的發展可能性，那全職遠距工作是非常適合你的。

2、「完全自由接案師」，就是「不隸屬於任何公司的全職自由工作者」。

完全自由接案師，是通過自己的專長或才能，向不同案主提供工作者，不隸屬於任何公司，不向任何雇主作長期承諾而從事某種職業的人。沒有主管，通常是在自己的督促下完成工作，工作地點經常是在家裡或其他地方。時間管理能力比較強的完全自由接案師，可以同時處理好幾個工作專案，慢慢創立個人品牌，之後也可能會擴張團隊繼續往更大規模的創業之路走去。缺點就是會面臨每個月進賬金流的不穩定。在接案前期需要身兼多職，一個人做管理、策劃、行銷、合作、會計、法務……等所有的工作，如果想要做一人公司、創立個人品牌、自己當自己的老闆，不需要對某特定主管報備，那麼自由接案是比較適合你的職業發展選擇。

全職遠距工作者和完全自由接案師異同處比較

相異之處

全職遠距工作者 Full-time Remote Worker	完全自由接案師 Freelancer
薪資穩定（月薪或是年薪）	薪資起伏較大，尤其是在前期（通常為按件計酬）
享有正職員工之福利和保障	需要自付保險，無其他福利
工作內容依據公司職缺規定	工作內容自訂
工作內容相對來說比較單一化	工作內容繁瑣種類眾多
領薪水完成指定工作的員工	個人品牌創始人和擁有者
接受公司規定的工作內容	自行找客戶和案子來接
站在公司的品牌立場做考量	站在自己的個人品牌或是客戶的立場做考量
公司有明確的管理和分工安排	需要一人分飾多重角色
通常有上級管理，需回報上級工作進度	沒有上級管理，工作進度自己負責，對客戶負責
公司通常會定期舉辦員工活動	自己決定參與什麼活動、自己建立人脈
通常有規定的上下班時間	自行安排工作時間
按照公共假期和公司制度休假	自行安排休假時間

相同之處

1. 工作地點自由
2. 需要通過線上協作軟體進行工作
3. 需要克服線上溝通可能會出現的問題
4. 需要面對獨立工作可能會出現的問題

我到底適合當「全職遠距工作者」還是「完全自由接案師」？

• 全職遠距工作者常見個性：喜歡有歸屬感、看重薪資穩定性、享受團隊合作，不喜歡一成不變的進辦公室工作，那麼工作地點自由的全職遠距工作是一個很好的選擇。

• 完全自由接案師常見個性：想要成為自己的老闆、對於彙報上級反感、可以承受薪資不穩定、喜歡獨立作業，那麼不僅是工作地點自由，工作內容也是自定的完全自由接案是一個適合的選擇。

如果你想要嘗試遠距工作，但是卻因為擔心遠距工作的薪資穩定性而裹足不前的話，其實你真的不需要過於憂慮，因為全職遠距工作，也一樣可以擁有穩定的薪水以及完整的保險和福利。

高薪工作和遠距工作無緣無分？

幾個月前，我和一個做專業獵頭多年的朋友聊天，她對於遠距工作的一些專業意見還有資訊讓我感到非常的驚訝，尤其是關於高薪工作，以及專門的遠距工作獵頭顧問。

「Hello Joyce，好久不見，你最近好嗎？」這是 Katie 在 LinkedIn 上跟我打招呼一貫方式。

「Hey Katie! 我最近不錯啊，你呢？你是不是又有什麼新的工作職缺要跟我分享？」我開門見山的說。

「哎喲！你總是這麼的直接。最近有很多遠距工作的職缺釋出，所以想要跟你聊一聊你目前的情況。」Katie 也非常迅速的回答我。

「謝謝你每次有新的工作職缺都會想到我，有一個專業獵頭的朋友真是非常幸運的事情。」我開心的和她繼續聊。

「我現在手上有一個工作，公司總部位於美國波士頓，是一家播客平台，也是完全遠距公司，員工遍布全美以及世界各地，目前他們正在找一個全職遠距的社群媒體總監，負責他們運營所有的社群媒體相關事項，包括：公司整體社群媒體戰略、每個月社群媒體計畫以及執行、管理社群媒體中級以及初級的員工、把控預算、和播客主持人合作、建立社群媒體online community……等等一系列的工作。」Katie給我做了更深一層的介紹。

「親愛的，聽起來是一個非常有意思的職位，社群媒體也是我非常感興趣而且一直在經營的，但是你也知道我還是最在乎薪資待遇及保險福利，這方面先跟我說一下吧！」我直奔主題的問。

「一開始是年薪九萬五千美金，之後還有升職加薪的空間，我的判斷是，如果是對的人選，超過十萬美金應該也是有很大的可能性的，保險以及福利配套都很全，你如果有興趣的話，我們可以再深入聊一下。」Katie繼續說著關於這個工作的更多細節。

「哇！聽起來真的是非常的棒，但是應該要在美國時區間裡面工作吧！我還蠻驚訝現在完全全職的遠距工作年薪可以達到這麼高！」我頗有興趣的跟Katie聊著。

「這算什麼！現在有非常多種類的全職遠距工作都是超高薪！有很多還超過年薪二、三十萬美金！我有一些獵頭的同事以及獵頭圈裡面的朋友，已經開始完全專注在尋找可以匹配高薪全職遠距工作的人才，我自己也開始慢慢的把比重放多一些在全職遠距工作的職缺上面，因為我的搜尋範圍就可以擴大到全球，不再有侷限性的問題了。」Katie和我分享她的獵頭工作現狀。

迷思：高薪工作和遠距工作無緣無分。

或許有很多人會認為我和 Katie 的對話只是非常少見的全職遠距工作中的特例——暨能夠在家工作，又可以在疫情之後邊旅行邊工作，還可以坐擁高薪，並且擁有完整的保險跟福利待遇，聽起來實在是令人覺得不可思議。其實，現在有很多全職遠距工作，可以讓你同時擁有工作地點上的自由並且不妥協於打折的薪水，魚與熊掌可以兼得。還有，你如果因為台灣的低薪環境而想要做出改變，又不想放棄台灣便捷舒適的生活環境，那全職遠距工作可以幫助你衝破國界的限制，你也不用擔心工作簽證和身分問題，讓你在家裡也可以進行國際工作。

以下，是我整理出來的十個全職遠距工作清單，而且是年薪超過十萬美元的夢幻工作，相信你看了之後，不僅會對遠距工作改觀，也一定想要嘗試看看。

1、遠距心理醫生

平均年薪：二十萬美金（以上）

工作內容：根據患者需求，透過線上或是電話從事心理諮詢和心理治療。醫病雙方通常通過視頻來實施評估和診斷，然後提出治療計劃，並指導進行醫療規程。除了專業證照還有專業能力之外，良好的溝通以及聆聽能力是必不可少的。

2、遠距醫療管理主管

平均年薪：十萬美金（以上）

工作內容：醫療部門或醫療機構中的領導角色。必須在僱用和監督醫務人員以及製定、執行醫療策略方面擁有豐富的經驗。同時，遠距醫療管理主管必須具備優秀的寫作、溝通能力，以及協調與管理各部門的能力。

3、文案／內容製作人

平均年薪：五萬至十萬美元（依據不同產業）

工作內容：在內容為王的時代，每個公司都需要文案或內容製作人。很多大型公司，尤其是廣告公司和市場行銷類型的公司，通常會依靠文案撰稿人和內容製作者來為客戶製作優秀的內容。高超的文案及內容製作是必備能力之外，具有別出心裁的創意也非常關鍵。

4、數據科學家

平均年薪：十二萬美金（以上）

工作內容：數據科學家使用計算框架來分析大型原始資料，並且運用在各種行業中。哈佛商業評論的一篇文章中稱「數據科學家」為二十一世紀「最性感」的職業。Glassdoor 的美國最佳工作榜單上，資料科學家連續四年（二〇一六年到二〇一九年）都位居榜首。像 Netflix、Stan、YouTube……就是使用資料科學分析大數據的方式，來解決如何推薦視頻給有興趣的使用者。

5、軟件工程師

平均年薪：十萬美元（以上）

工作內容：軟件工程師使用編程語言來創建、擴展或改進產品。軟件工程師使用的基本語言是 Java，Javascript，SQL，C++ 和 Python。這項工作也需要和不同部門的專業人員共同緊密合作。

6、精算師

平均年薪：十萬美金（以上）

工作內容：這是一個風險管理的工作，使用統計模型評估潛在事件，例如死亡、事故或財產損失……等等帶來的風險和成本。大部分的精算師都會在保險公司工作，工作範圍包括設計新的保險產品，計算有關產品的保費及所需的準備金，精算師不僅預測未知事件，通常還要計算已發生的保險金給付，以此開發新的保險產品。

7、高級產品經理

平均年薪：十一萬美金（以上）

工作內容：產品經理負責管理從概念到生產的產品監督流程。例如，Google Cloud的產品經理與業務及技術團隊合作，瞭解、預測客戶的需求，然後創建並推出相應的產品和服務。高級產品經理應該具有豐富的商務經驗，對技術流程、商業和行銷有敏銳的洞察力。

8、高級業務分析師

平均年薪：十萬美金（以上）

工作內容：收集數據以瞭解業務的挑戰和需求，和各部門團隊成員合作，對於專案進行分析，通過收集、整理資料，提出有針對性的方案或建議，能獨立、高品質的完成工作。

9、UX架構設計師

平均年薪：十一萬美金（以上）

工作：UX架構設計師負責網站或移動應用程式的概念化實踐和布局，最大程度地提高用戶體驗。這項工作是設計師和開發人員的混合體，需要網站設計、編程（前端和後端）方面的技能以及對用戶需求的紮實理解。

10、高級資訊安全顧問

平均年薪：十二美金（以上）

工作內容：負責企業的網絡安全和防護策略。主要職責包括執行風險評估，以及幫助企業履行合規義務。針對網路安全、網路威脅，來建立資訊安全管理系統以及行業資訊安全專案的諮詢、規劃與解決方案等工作。

除了以上十大類高薪全職遠距工作之外，還有像是：律師、稅務顧問、社群媒體管理人員、行銷專業人員……等都屬於高薪全職遠距工作的範圍。

從最近的《Buffer State of Remote Work 2020》報告中，我們可以看到，高達七十三・八％的遠距工作者的薪資超過了年薪五萬美金，高於美國平均薪資四萬八千六百七十二元，而其中有超過三十八・四％的遠距工作者的薪資，更超過年薪十萬美金。

很多公司開始發現，遠距工作帶來的好處，除了節省房租的開支外，還可以減低人才的流動率；對於員工來說，全職遠距工作可能帶來的不只是高薪，還可以省下很多生活開支，從 Dollarsprout 的調查結果顯示，員工開始遠距工作之後，一年可以省下七千美金。所以從薪水、節省公司開支、節省員工生活開支等三個方面來說，遠距工作模式真的是一個非常「錢多多」的方式。換句話

美國 2020 年遠距工作者的薪資占比

Below is the breakdown of salary ranges for respondents in USD.

- **18.6%** $50,001 to $75,000
- **16.8%** $75,001 to $100,000
- **14.2%** $25,001 to $50,000
- **12.1%** up to $25,000
- **12%** $100,000 to $125,000
- **10.8%** $125,001 to $150,000
- **9.7%** $150,001 to $200,000
- **5.9%** Over $200,000

說，遠距工作和高薪無緣，這真的只是偏見而已。

Joyce 遠距工作悄悄話

非常建議大家在 LinkedIn 上面多看看不同國家的遠距工作機會，如果可以人在台灣，坐領十萬美金的遠距工作，不僅可以不出國門就進行國際工作，還可以有很好的薪水回報，那真的是一件可喜可賀的事情。不過，大家不要覺得 Joyce 所分享的很多是關於美國遠距工作的情況，跟台灣沒有太大的關係，如同我的獵頭朋友 Katie 所說的，在尋找遠距工作人才的時候，國界將不再是限制。

遠距工作的種類單一、選擇很少？

「我最近剛剛開始我的第一份全職遠距工作！」Dennis 興奮的和我分享。

「真的嗎？那真是太恭喜你了，是什麼樣的工作呢？」我繼續追問。

「我在一個國際知名的兩性關係KOL個人品牌公司裡，擔任線上活動的主管。」Adam 繼續和我分享他目前的工作細節。

「哇！好特別的工作呀！之前都沒有聽說過這種遠距工作，我之前對於遠距工作種類的理解是比較多在IT方面的職缺。」我和 Dennis 說。

「是啊，在我正式踏入全職遠距工作之前，我也不知道原來遠距工作的種類選擇如此的多！我有一個同事是遠距負責全球行銷聯盟的合作。」Dennis 越來越興奮的說著他的團隊成員的工作內容。

迷思：遠距工作的種類單一、選擇很少。

如果有人問你遠距工作的種類有哪些，你會怎麼回答？很多人在想到遠距工作的時候，可能會想到編輯、文案、IT、設計……等類別，也有非常多的人會覺得遠距工作的種類選擇不如一般在辦公室裡的工作選項來的多。

很多人說，二〇二〇年是遠距工作元年，因為肺炎疫情迫使很多公司轉成遠距工作，但是遠距工作的發展已經有好幾十年，而工作的種類也越來越多元化，如果你是喜歡工作但討厭進辦公室的人，這樣的發展進程，真的可以說是個好消息！因為有越來越多的公司開始選擇部分或是完全進行遠距工作。

根據國際遠距平台 Flexjobs 的數據分析顯示，增長最快的遠距工作是在 STEM 領域（STEM 是科學 Science、技術 Technology、工程 Engineering 及數學 Math 的統稱），例如軟體工程師、精算師和數據科學家等職缺，從二〇一八年到現在大幅增長；而金融、銀行、保險、醫療等行業的遠距工作也有所增長。整體來說，在過去的五年內，遠距工作增長了四十四%；而在過去的十年內，增長了九十一%。

近期，Twitter 宣布全員工在疫情結束後仍可遠距上班，Facebook 也表示將採取漸進式的方式讓員工申請在家上班，並且新增完全在家上班的職位。Shopify 也加入了開放員工永久遠距工作的行列。可以預見的是，因為全球大型公司的帶動，遠距工作的工作形態，即便在疫情結束之後，在全球的普及率也必定會越來越高。

也因為這樣的潮流和發展趨勢，雖然遠距工作僅在幾個職業領域裡占較大多數，但是從 FlexJobs 的數據庫中分析了五十多個職業類別，的確都在高速增長中。而其中有十大「遠距職業類別」的釋出職缺速度，又比其他工作種類快很多。

十大快速釋出的「遠距職業類別」：

1、數學與經濟學

此領域遠距職缺包括：精算師、經濟學家、數學學科教職人員、數據科學家。

2、保險

此領域遠距職缺包括：保險損害評估專員、保費稽核員、核保經理、理賠專員。

3、非營利組織和慈善事業

此領域遠距職缺包括：資深募款總監、專案主管、決策經理、策略夥伴開發經理。

4、抵押貸款和房地產

此領域遠距職缺包括：資深貸款專員、銷售總監、區域經理、不動產內容製作者（real estate content producer）和房地產估價經理。

5、行銷

此領域遠距職缺包括：助理產品經理、行銷專家、行銷運營經理、線上廣告優化經理和數位行銷分析師。

6、工程

此領域遠距職缺包括：軟體工程師、自動化專家、設計／現場工程技術專員以及工程負責人。

7、專案管理

此領域遠距職缺包括：企業流程顧問、專案經理，和高級專案經理等。

8、科學

此領域遠距職缺包括：臨床試驗專員、科學學科教師、資深臨床科學家、醫藥學術專員，與生命科學內容撰寫者（life sciences content writer）。

9、法律

此領域遠距職缺包括：國際資深合約和協議經理（global senior manager of contracts and agreements）、法律助理專員（paralegal specialist）、一般法律顧問、隱私與合規經理（privacy and compliance manager）。

10、製藥

此領域遠距職缺包括：醫藥銷售經理、臨床療效副總（vice president of clinical effectiveness）、臨床藥師和區域神經內科客戶經理（regional neurology account manager）。

國際遠距職缺平台「We Work Remotely」裡有海量遠距工作職缺，等你／妳來挑戰，而且種類繁多，可供你選擇，如果職缺註明「Anywhere（100% Remote）Only」，你完全可以試試看喔，因為你／妳不僅可以在家裡工作，而你／妳的全職工作可以是在世界上的任何角落。這個平台釋出的職缺大部分是全職，有很多在美國和歐洲的公司，工作種類有各類型的工作，包括：市場行銷、設計、文案、管理、編程、客服、財務、行政、產品……等。

另外，世界各地的人力資源銀行，也都開始設立遠距工作職缺專區，例如：澳洲最大的人力銀行「Seek」，就在疫情之後，設置了「Work from home」的地點搜尋，搜尋結果有上千個遠距工作職缺，你／妳可以在家裡工作，而你／妳的全職工作可以是在澳洲的任何角落。這個平台釋出的職缺大部分是全職，也有很多兼職工作，有各種種類的工作，包括：客服、市場行銷、設計、文案、社群媒體……等。

全球越來越多的企業都採用遠距工作的工作型態，而且工作種類有越來越多元的趨勢。根據Upwork的數據顯示，直至二〇二八年，所有公司部門中會有七十三％有遠距工作者，其中三十三％會是完全遠距工作者。

Joyce遠距工作悄悄話

記得哦！如果職缺說註明「Anywhere（100%Remote）Only」，你完全可以試試看喔，因為你不僅可以在家裡工作，而你的全職工作可以是在世界上的任何角落。如果對遠距工作有興趣話，請加入「We Work Remotely」這個平台，Joyce也是這個平台的成員之一。歡迎加入遠距工作的行列。

從事遠距工作的人都是科技阿宅很孤僻？

Peter在一家英文線上學習平台技術支援部門工作，在疫情之前，每週三天在家工作，另外的時間則到公司上班。疫情後，他已經是完全遠距工作。同事們覺得他沉默寡言，但是對於工作任務總是處理得非常有效率，而且對於科技方面的新知也不吝於和團隊分享。在一次公司的團體活動上，大家才知道，二十八歲的Peter看似內向寡言，其實他除了是專業的電腦工程師外，也是打羽毛球的好手，平時除了工作之外，他很喜歡和朋友們約著打球，雖然他在工作上是科技宅男，若說他「孤僻」，實在是言過其實。

迷思：從事遠距工作的人都是科技阿宅很孤僻。

近年來，網路世界已經變成我們很多人生活中不可缺少的一部分，不僅造就了全新的E世代，「宅男宅女」也正夯。

「宅」常被解釋為足不出戶，或不常出門、不喜歡出門，衍生出來的「宅男」「宅女」的意思就是，整天在家裡，沒事不會出門，與他人面對面交往機會較少，貌似朋友不多生活圈圈狹小，工作類型也是透過遠距方式，線上完成工作，甚至有時候會被誤認為沒有工作在家裡待業。

智慧手機功能多元化之後，家用電腦、平板電腦……等電子產品的普及，加上網際網路愈來愈快捷方便，在家裡就可以工作，和身在不同地方的同事開會，可以購物、可以跟朋友聊天、可以跟全世界的玩家玩遊戲，生活大小事只要坐在電腦前面，貌似都可以迅速的完成，甚至有時候都不需要動用到電腦，只要有一台手機，很多事情就可以靠「滑指神功」搞定。我們不難理解為什麼有越來越多的人不愛出門，寧願宅在自己舒服的家裡。也因此，如今「宅經濟」也有了非常龐大的市場。在過去，宅男宅女們或許常被貼上負面標籤，但現在疫情當下，恐怕大家都要學習如何適應宅生活以及宅工作。

因為越來越多的人開始進行遠距工作，而遠距工作的種類也越來越繁多，許多大型公司也開始慢慢過渡部分或是全部遠距工作。遠距工作已經不再只是宅在家裡的人要面對和經歷的，所以我們也要跳脫對於遠距工作者個性的刻板印象，因為，現在已經有各種各樣的性格的人都在進行遠距工作。

對於人資來說，要找到合適的人才不容易，而要找到合格的遠距工作員工就更是挑戰了。人資在進行遠距工作招聘優秀人才的條件，最常見的有以下六項：

1、高度的自我驅動力：

只有能夠自我鞭策，有極強的自律力以及上進心的人才能面對遠距工作的壓力，高度的自我驅動力表現，通常是對於工作的熱情和極強的執行能力。

2、較強的書面溝通能力：

在遠距工作進行當中，通常是經過電子郵件以及線上協作系統進行交流，有時候我們會利用線上通訊軟體（面對面）開會，其他時間則靠書信往返，所以書面溝通能力，寫作技巧就變得很重要。

3、工作事項排序的能力：

接受任務的遠距工作者，除了能夠在截止日期前完成工作之外，更重要的，是如何能夠在多項事務之間排出先後順序，把緊要的工作優先處理，尤其是在沒有主管從旁協助的情況下獨力完成。

4、注意細節的個性：

細節決定成敗！遠距工作更是如此，尤其是在沒有主管從旁督促和檢查工作的情況下，能夠注意細節的個性，在遠距工作下往往能夠得到主管信任。

5、負責可靠的特質：

保持熱情的去完成工作事項，為了完成高品質的工作產出，願意付出額外努力，自願擔負一些本不屬於自己職責範圍內的工作，遵守公司的規定和程序，這樣的人格特質是人資在尋找遠距工作者時最看重的項目之一。

6、能夠機智運用資源的特質：

人資不希望招聘進來的遠距工作者是不知變通的。在遠距工作中，大部分的時候需要員工自行解決問題，這個時候，能否機智的運用手邊的資源來協助自己解決問題完成工作是一個關鍵。

我一直是「一個人」

不管是否在家裡工作，還是到自己喜歡的咖啡館工作，對於遠距工作者來說，常常會感受到「一個人」的狀態。「一個人」跟「孤獨」雖然意義不盡相同，但在遠距工作中，「一個人」的確是一種實際的工作狀態；而「孤獨」則是一種內心的感受，一種在工作中感到孤立無援，或是不被重視，被孤立的感受，若是剛好碰到身體不舒服，更像是被世界遺忘了的一種無助感，對於工作本身也會變得很消極。

雖然從事遠距工作的人有各種不同的個性，但遠距工作面臨的共同挑戰之一，就是如何克服工作上的孤獨感。人是群居的動物，我們與人在面對面的交往過程中，會因為互動而帶來參與感以及快樂的感受。根據《Buffer State of Remote Report 2020》的調查統計，我們可以看到二十%的遠距工作者在工作中最大的掙扎，也感到最困難的因素之一就是孤獨感。

根據哈佛商業評論的建議，以下三項原則，能有效避免孤獨感。

1、因為遠距工作者跟同事之間沒有實體上的互動，所以需要在線上建立一些社群或論壇，能夠隨時與志同道合的的同事互動。

2、善用視訊科技，對在家工作者特別有用。使用 Skype 或 Zoom 來開會，以便能夠看到對方。這有助於觀察對方的肢體語言，以此來填補無法面對面的互動機會。

3、根據自己的個人偏好，或許是安排每天跟客戶、同事進行較短的視訊互動，或許可以把所有的視訊會議都安排在同一天。

千萬別覺得閒聊只是浪費時間，就像著名的心理學家羅伯．席爾迪尼曾說過：「閒聊看起來似乎不太重要，其實卻是創造融洽關係的黏著劑。」

Joyce遠距工作悄悄話

在遠距工作的路途上，我遇見了許多千奇百怪、個性迥異的人，每個人都會碰到如何克服孤獨感的這個問題。我自己發現的小訣竅是，如果家裡有寵物的話，便可以大大緩解你心裡的孤寂感、壓力，還有焦慮的情緒。有研究顯示，有寵物陪著工作，能減低員工缺席率，還能緩解工作壓力哦！毛孩子真是我們在工作上的好夥伴、好朋友呢！

PART 3

遠距工作與個人品牌「談戀愛」

打造個人品牌和遠距工作息息相關

「Hi Joyce，你最近有空嗎？我想要請你幫一個忙。」Ned從LinkedIn給我發了一個私訊。

「Hello！好久沒有聽到你的消息，最近好嗎？有什麼我可以幫你的呢？」我回覆道。

「我最近正在準備跳槽，一直在看很多新的工作機會，也跟我的獵頭顧問聊了一下。我想要請問你如何在LinkedIn上面建立自己更好的profile？因為我的獵頭顧問跟我說，如果我想要讓雇主青睞，或是有更高的興趣，最好要經營我在LinkedIn上和其他平台的個人品牌。但是我不是很懂，為什麼我需要建立自己的個人品牌，我又不是要自己創業，我還是要在公司上班的，我只是想找到更好的工作機會，或是薪水更高的職務。」透過螢幕我還是可以感受到Ned的不解。

「瞭解，其實我覺得你的獵頭顧問說的沒有錯，目前我也是全職工作，而且我並沒有跳槽的打算或是查看其他工作機會，但是我依然持續性的在經營我的個人品牌。而且就說LinkedIn這個平台好了，我大概每一季或是每半年，就會有新的工作機會自動找上門來，我在經營其他的社群媒體平台上面，也有不同的發展機會，例如：邀稿、採訪、品牌合作和業配。雖然你沒有創業的打算，我覺得你可以把經營自己的個人品牌，當成是對自己職業發展的一項助力。」我和他分享對於經營個人品牌的一點心得和想法。

雇傭形態和工作形態的改變

在我們爸爸媽媽的年代，甚至再往前推衍到爺爺奶奶的年代，工作的選擇比較單一，而且一旦開始做了一個工作後，可能一輩子都在這個工作職位上。我的爸爸媽媽是這樣，很多同年齡人的爸爸媽媽也是這樣。看看身邊的長輩，是不是很多都是一輩子做同樣一份工作：三十多年的老師、幾十年的公務員……，在同一家公司從年輕任職到退休。其實不只是在台灣，在很多其他國家長輩們的年代，大家對於公司有非常高的忠誠度，流動率很低。所以在日本有員工墓園，在南韓有老員工退休俱樂部。在那樣的年代，沒有網路資訊的衝擊，是否做個人品牌，不是需要考慮的重點，個人品牌對於工作本身來說或許一點益處也沒有。但是，在網路普及的現代，以及未來的趨勢發展，似乎沒有一個藍圖是能把網路刪除的，你看從3G升級到4G，然後再到5G只花了短短幾年。

全職工作和上個世代相比，比率持續減低

日本在一九八六年至一九九一年間出現經濟泡沫後，眾多企業經營陷入困境，日本傳統的「終身雇用制」也崩壞，大量的正職員工變成派遣人力；現今韓流當道，南韓

的文化娛樂產業在大規模的往其他國家輸出，但是在一九九七年冬天，當時韓國因為無法償還巨額的國家欠債，最終被迫向國際貨幣基金會（IMF）申請借入超過百億美元的緊急資金，來解決危機，一夜之間南韓變成了破產國家，經濟被迫由外國接管。台灣在一九八〇年代末期，也曾經歷過經濟泡沫化，而這些經濟動盪時期，都會迫使企業做出巨大改革，同時每個人的工作型態也隨之改變。

二〇〇八年全球金融危機後，眾多企業又再次精簡瘦身，許多正職職位被砍。這樣的發展趨勢，也逐漸成為台灣和許多國家企業運用的常規模式：正職的職缺逐年減少，並大量使用短期派遣員工。多數的員工是走合約制，如果表現良好再續約，或轉為正職。

對於企業的成本考慮來說，負擔一個正職的員工價格的確高昂，除了每個月的固定薪水、保險（勞健保）、福利之外，還要負擔許多其他成本，例如：培訓和獎勵。所以，寧願把正職員工的職缺降低，而增加派遣員工。除了派遣員工，很多公司還會利用外包形式，把需要完成的工作任務，經由外部自由職業者接案完成。

遠距工作、在家辦公、咖啡館辦公與數位遊牧民族

因為經濟發展和企業工作型態的轉變，我們可以看到在各大城市街頭的咖啡館、共

用工作空間（Co-working space），即便不是假日也人滿為患，許多自由職業者拿著筆電，就開始一天的工作，而這些自由職業者也常常在家工作。新世代的自由工作者，或許是一人公司，或許有幾個夥伴一起成立工作室，他們都常用個人名義去承接專案。

不管是在咖啡館、在家，還是在其他的場合辦公，這樣自由工作的趨勢，反映出整體社會對於自由接案者的需求和接受度都大大提升。而這種可以把老闆開除，工作地點自由，建立自我品牌，做一人公司，自我創業的工作模式，也是許多年輕世代嚮往的工作模式。漸漸的，隨著數位經濟持續發展，一種全球性勞工新族群誕生了，那就是「跨國的數位遊牧者（Digital Nomad）」。只要有網路，一台筆電，透過線上接案，許許多多的自由工作者，可以在世界各地工作，不只是家裡、或家裡附近的咖啡館而已，「一邊旅行，一邊工作」也成為可以達成的新工作和生活模式。有許多來自歐美生活花費高昂地區的自由工作者，直接搬到生活成本較低的國家，把所賺來的薪水換取更好的生活品質。例如，泰國北部、越南南部一些城市，都非常受數位遊牧者的歡迎。我有一個很好的平面設計師好友，她就是在辭去著名廣告公司的設計總監職位後，搬到了胡志明市去住了將近一年，這段期間，她繼續透過接案的方式，成功為自己賺取比之前全職工作更高的收入。她說：「在追求詩、遠方以及現實的工作之間，我不再需要取捨。」

零工經濟、共享經濟、斜槓青年以及複合型工作者

因為大企業的全職工作職缺減少、外包驟增，另一方面，因為個人對於工作和生活的追求開始轉變，接案工作成長迅速，各類專門的平台也開始出現，於是，我們正式地進入了零工經濟（Gig Economy）以及共享經濟（Sharing Economy）時代。在這樣的大環境之下，斜槓青年的崛起也就不令人意外了。

斜槓青年們可能是身兼多職的自由職業者，也可能是例用業餘時間開啟副業，創造更多收入的人。其中也有一些人成為了複合型工作者，這類人通常保有他的正職工作，又利用多個副業創造多元收入，不管是斜槓青年還是複合型工作者都是透過個人品牌的建立，讓自己的專業能力可以被客戶看見，觸及到更多人，進而建立商業聯結然後創造價值。

打造個人品牌和遠距工作的關係

網路和科技所帶來的變化，對我們的工作和生活方式都產生了天翻地覆的影響。而今年發生的全球新冠肺炎疫情，更是把遠距工作推到了許許多多人的生活中，很多以前

不曾接觸過遠距工作的人也開始進行遠距工作。

以前的全職工薪時代，遠距工作並不在大多數人的接觸範圍內，很多人不知道什麼是個人品牌，更不用去管個人品牌對自己的工作會產生什麼影響；現在的工薪族，不管是因為疫情才開始遠距工作，還是在疫情之前就已經開展遠距工作，很多人從找工作開始就要看 LinkedIn，甚至獵頭本身就常常會使用 LinkedIn 或是其他社群媒體平台，去接觸他們想要尋找的人才。

以我自己為例，我有在澳洲坎培拉大學裡的正職工作，但是我依然持續經營個人品牌，有自己的官網、Podcast 節目、Facebook、Instagram。我想很多人一定會好奇，我經營這些平台，一定會讓我的收入更多吧？或者說，我經營這些平台的最主要目的就是想要增加更多的收入吧？其實，**經營個人品牌最終極的目的並不是錢，而是為了三個字：影響力**。

例如，我接受全球著名新聞媒體 The Economist 經濟學人採訪，把我的故事還有我的專業分享到一個可以觸及全球用戶的平台，其實我是一毛錢都拿不到的，但是做這件事情就沒有價值了嗎？當然不是的，它非常有價值，因為我的故事和我的看法藉由一個全球著名的新聞平台傳播出去，就會有更多的人知道我在做什麼？我在想什麼？也會有更多的人認識我，影響更多的人，這就是它帶給我的價值。金錢回報雖然非常重要，但它卻不是衡量個人品牌的唯一標準。

疫情當下，有千千萬萬的人都面臨失業，但是因為我長期經營社群媒體平台尤其是 LinkedIn，我竟然能在疫情當下，還接到許多獵頭的職務邀請，而且還是遠距工作的機會，這個平台不斷地為我帶來新的工作機會，非常值得我持續經營。同樣的，在經營 LinkedIn 這個個人品牌的時候，它一樣沒有為我帶來任何金錢回報，但是卻為我帶來很多實質性的機會跟發展的可能。

不論是在一般的工作或是遠距工作，經營個人品牌的趨勢只會越來越夯，甚至有許多公司對於員工經營個人品牌是抱持著支持和鼓勵態度的，誰不喜歡自己的團隊裡有一個行業內的ＫＯＬ（Key Opinion Leader）呢？核心團隊成員或是自己公司的員工個人品牌響噹噹，也會讓企業的品牌大大加分。

個人品牌到底是什麼？你問十個人，可能就有十種解讀。我覺得最好懂的個人品牌定義：「你如何看自己」以及「別人如何看你」的重疊的地方就是「你的個人品牌」。換句話說，你可能很瞭解自己，知道自己能做什麼不能做什麼，喜歡什麼不喜歡什麼，專長在哪裡，強項在哪裡，弱項在哪裡，能夠給別人帶來什麼樣的影響跟價值，但是，別人不一定瞭解你所瞭解的自己，這就是為什麼經營個人品牌是困難的，更何況，有的時候我們自己並不是這麼瞭解自己。

二張圖讓你看懂個人品牌

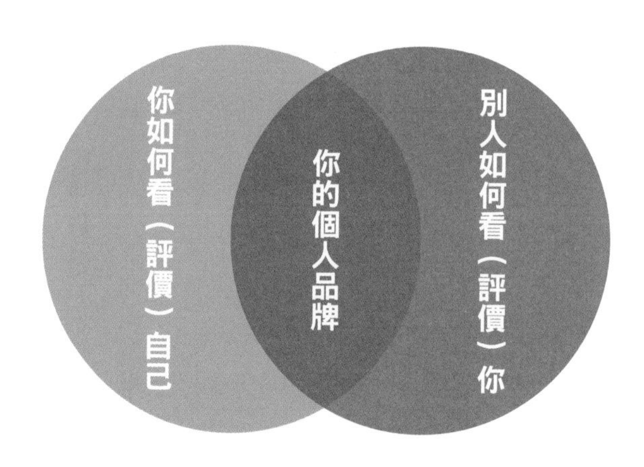

六個步驟成功打造個人品牌

雖然我一直有寫作的習慣，但是我自己本身是從二〇一八年的年中開始，通過內容產出，才比較有系統性的去經營個人品牌。經過這一段時間的經營，我依據我的經驗，總結出以下六個步驟，讓你可以很快的打造屬於自己的個人品牌，讓別人看見你的不一樣。

第一步：優先考慮你的價值觀、專長以及你對什麼有持續性的熱情

你的價值觀應該是你個人品牌的基礎，因為你所認同的價值觀是你人生的核心；其次你必須要瞭解你的專長是什麼，你擅長做什麼事情，還有你必須要找到你對什麼有持續性的熱情，也就是說，有沒有什麼事是就算沒有金錢上的回報，你也可以持續性的去做一年、三年、五年、十年……都不會想要放棄的。

第二步：定義關鍵特點，找到自己的獨特之處

每一個人生下來就是獨一無二的，沒有第二個複製品，所以你要找到讓你在人群中脫穎而出的特質或特徵，它們有助於塑造你的個人身分，進而打造出獨特的個人品牌，

讓人看到你的不一樣。

第三步：定義你的目標受眾

你的個人品牌不需要觸及所有的人，你只要專注於自己想要面對的受眾就可以了。你要好好想想，你的個人品牌，什麼樣的人會最感興趣，什麼樣的人會和你有共鳴。

第四步：跟隨專家的腳步

在你的行業別內，或是在社群媒體平台上，你有沒有特別關注或欣賞的對象？觀摩出色的個人品牌案例，可以從你想要學習的個人品牌專家那裡借鑑。尤其要注意這些個人品牌是如何展示自己的特點和他們的專業。

第五步：選擇合適的線上平台

從 Twitter 到 Podcast，從 Personal blog 到 Instagram，五花八門的平台，有付費的、有免費的，你不用在每一個平台上都建立你的帳號，而是要找到最合適你的個人品牌的平台。

第六步：開始不間斷經營吧！

建立個人品牌其實不是什麼困難的事情，最讓人無法克服的是：細水長流的經營。你不能今天很有靈感，就一次發布十則更新，發布之後的四個月不見蹤影，讓你的受眾無所適從。

Joyce 遠距工作悄悄話

建立個人品牌是一件非常有趣而且有意義的事情，成功的關鍵其實就是二個字：堅持！

除了顏值和實力，還需要數位影響力

有人說這是一個顏值即正義的時代，也有人說工作實力是職場立於不敗的法寶。近年來「數位影響力」這個詞迅速在大街小巷中傳開，而實際上我們每一個人，也因為網路的興起而開始熟知許多在網路上具有影響力的人們。有人叫他們網紅，有人叫他們意見領袖（Key Opinion Leader, KOL），有人叫他們直播主。不管他們的名字是什麼，這些人都因為擁有強大的數位影響力，而把他們的知識、技能、意見和見解傳達給社會大眾，並衍生出龐大的社群媒體相關產業。你或許會問我，這跟我們的職場發展或遠距工作有什麼相關呢？其實，除了顏值和實力，想要利用遠距工作而有所發展的朋友們，經營數位影響力會大大的幫助到你。以我自己為例，過去幾年的時間裡，在不同的社交媒體平台社群上經營我專注的內容，還有在 LinkedIn 上面，持續經營我的專業人脈社群，即便在今年疫情衝擊全球職場的情況下，我在澳洲生活，卻能拿到總部位於倫敦而老闆在多倫多的投資公司管理社群媒體的機會，這就是數位影響力帶來的機遇跟可能。

從社群經驗到數位影響力

說到數位影響力，一定免不了從自媒體經營開始談，而在這方面我有非常多失敗的經驗可以跟大家分享。起初無名小站還非常紅的時候，我也開始跟風，建立自己的部落格，但是光是為了版型就可以選一兩個月還沒有定下來。後來我也嘗試過痞客幫，如果你在網上搜尋「Joyce 看澳洲，就是不一樣」的話，還是可以看到我之前在痞客幫的部落格。這些都是我的數位痕跡、數位歷史。在網路世界裡留下足跡，也見證著我在自媒體經營的這一路上，付出的許多時間精力，以及走過的許多彎路，而這些都是沒有任何金錢回報的。

但是，沒有金錢回報，就真的沒有任何回報嗎？當然不是的，而且它的回報非常大，因為我慢慢建立起屬於我個人的數位影響力。

這個影響力的具體表象，就是有非常多和我的內容有互動的粉絲和讀者，因為我的內容、回答和說明，而走向了他們心儀的職業發展道路，或是得到了國際工作的機會，這就是我的數位影響力。換句話說，真正的數位影響力，不單是看追蹤者的數量，而是看所傳達出來的內容，是否真的可以達成實質上的幫助和轉變。

關於經營自媒體，我已經跌跌撞撞超過十年，直到二〇一九年中，我才真正找到了屬於我的節奏，適合我自己的平台，開始有大量的粉絲、讀者和學員不間斷的給我回饋，讓我知道我的內容很真實的幫助了他們，以及，我開始賺取「睡後收入」。

雖然我很希望可以告訴你，我發掘了一條祕密捷徑，一條可以讓你一系爆紅，立刻開始透過自媒體賺錢的路，但現實是：**自媒體經營，需要付出非常多的時間，持續性的灌溉，慢慢累積自己的數位影響力**。整體來說也是一個實驗的過程，像是訓練長跑，必須循序漸進，一點一滴變強大，沒有捷徑。在這條路上，每一個人都會犯錯，都會覺得自己怎麼努力都沒有成果，也都會覺得灰心，但是它就是這樣，一步一腳印的累積過程，至少，這是我目前經營自媒體開始有盈利之後，體悟深刻的經驗談。

我想要成為一個有聲音的人、有影響力的人

有很多人問我，你為什麼堅持寫作？又不能賺錢。也有很多人問我，你為什麼要親自回覆粉絲或是讀者的留言？他們又沒有付錢給你。也有很多人問我，你經營自媒體，花時間和精力，但是又不是全職的工作，沒有穩定的金流，到底是為了什麼？

我不是要假清高，我當然很希望我的自媒體頻道個個都為我帶來大量的「睡後收入」，我當然很希望我的書能大賣，但是這都不是我寫作和經營自媒體的初衷和理由。

或許，繼續寫作我也不會成為暢銷書作家，賺進大把鈔票；或許，我回覆了粉絲或是讀者留言，他們就把我忘記了；或許，我經營自媒體，永遠不會超過我的正職薪水。但是我知道，我的的確確透過我的內容，接觸到很多粉絲和讀者，而且，未來不管是怎麼樣的走向，我經營自媒體的初衷和理由是不會改變的。

尤其，當我收到多年前讀者的訊息，分享她目前在國際工作上的成就時，就再次肯定了我內心的想法，也更加肯定我的初衷是對的。金錢非常重要，我們誰都離不開經濟的範疇和限制，但是它並不是人生的全部，有很多東西，是金錢沒有辦法換取的，許許多多讀者和粉絲的訊息，以及他們帶給我的反饋和感謝，就是最好的驗證。

我想要成為一個有聲音的人，
有影響力的人。而且是正向的影響力。

I want to have a voice.
I want to become a person with influence.
Positive influence.

—— By Joyce ——

從數位影響力到遠距工作機會找上門

我一直都有定期更新我的 LinkedIn 檔案的習慣，在這個全球最大的專業職場社群上，持續經營我的專業人脈。過去有很多獵頭在這個平台上直接聯絡我，即便在今年疫情強烈衝擊全球職場的情況下，還是為我帶來工作的機會，這就是數位影響力帶來的機遇，所以在這個時代，要在職場上有更多發展的可能，在新的職場潮流裡有機會，那請你儘快開始建立和培養專屬於你的數位影響力。

國際工作容易嗎？不容易。
國際工作不可能嗎？當然可能。
誰都不是一生下來就知道國際職涯發展是長什麼樣子的。
遠距工作容易嗎？不容易。
遠距工作不可能嗎？當然可能。
誰都不是一生下來就知道自己可以走遠距工作這條路的。
自媒體經營容易嗎？不容易。
自媒體經營不可能嗎？當然可能。

誰都不是一生下來就立志篤定要經營自媒體的。

我希望和大家分享，要成功做自媒體，請你先把利基、盈利模式、業配放在一邊。

你要先問自己四個問題：

1、我想要成為什麼樣的人？

2、我為了想要成為的人做出什麼努力？

3、我想要通過自媒體建立什麼樣的數位影響力？

4、我做自媒體是為了協助我達到以上三點嗎？

這是一個內容為王的時代，要找到自媒體的生存之道，在於你的內容品質，還有能夠提供優質的、獨特的網路資源給使用者，這是自媒體要做大做長遠的根基。如果你對於你想經營的內容不在行、不熱愛、不熟悉、不能持續產出，那你怎麼在一個沒有地基的情況下去蓋房子呢？所以凡事都要回到核心問題：有什麼事情是可以讓你持續做下去，熱情始終不減的？就算沒有金錢回饋，你依然會去做的？然後，你才會從這個你熱愛的領域，和你產出的優質內容，慢慢建立出屬於你的數位影響力，並且會有更多的好機會自動找上你。

成為有影響力的人，而不是有某某頭銜的人

在職場上，你一定遇過很多討厭的主管，即使領導能力有限，還是穩穩地坐在那個位置上，你還是必須聽從這個討厭的人的指令。你的勉強聽從是源於他們的職位，換句話說，就是你低頭的原因是因為這個人的頭銜，而不是你真心信服和尊重這個人。但數位影響力不同，它是真真切切的實力。

我們都希望成為真正有影響力的人，讓身旁的人願意聽我們說話，在職場上，願意接受我們的意見和建議，而不只是因為我們的名片上有一個比較高的頭銜。

你有沒有思考過「數位影響力」這五個字，它代表什麼？有什麼樣的魔力和威力？其實，在網路時代，這是每個人都能夠培養和發展的超能力，它代表你是否在數位平台、社群平台能夠傳達你的看法和見解，能夠說服眾人，讓人對於你的內容產出產生認同和共鳴，在職場上，也能夠讓更多的雇主和獵頭，從你的數位影響力看到你，為你帶來更多機會。

現在這個時代，免費自媒體的工具和平台多到爆炸，你想做部落格，各種語言的都

有；你要做網站，有數家做網站的平台供你挑選；你要開發社群媒體，也是百花齊放，各種屬性的隨你使用，但是這都不是目標。**我們要做到的，是小至對你身邊的人，大至我們所處的社會有影響力，而且是正向的影響力**。

對我個人來說，我對於自媒體經營的定位很明確，它是我的興趣愛好也是我的副業，更是我的「睡後收入」累積的方式之一，它是我數位影響力的泉源，也的確為我帶來了遠距工作的發展機會。我想，如果要成為一位全職的自媒體經營者，完全代替全職工作，一定會有更多挑戰，但相同的是，在這個網路的時代，數位影響力都為我們帶來了更多的機遇。

不只是建立一個部落格，不只是建立一個網站，
也不只是經營一個社群媒體帳號。
它們都只渠道而已。
建立影響力，正向的影響力。
Make a blog? Make a website?
Make a social media account?
No. They are only channels.
Make an impact. A positive impact.

—— By Joyce ——

Joyce遠距工作悄悄話

如果我們做調查，隨機問一百個人，「你想不想要擁有超高顏值，還有優秀的工作實力，再加上人人都羨慕的數位影響力？」相信這一百個人當中的九十九個都會大聲的說，是的！我想要。從想要到做到，是一個漫長的距離，而是否能跨越這個距離的關鍵是：堅持。有一位前輩分享了經營部落格成功的祕訣：「只要一天寫一篇文章，兩年內一定會成功。」你一定在想，啥？寫文章就會成功？其實你知道嗎，九十九％的人都做不到，因為無法堅持。經營自己的數位影響力也是如此，貴在堅持。我走了近十年的路，才龜速的摸索出適合我的方式，希望你看了我不藏私的分享，可以少走一些彎路，發展的更加順暢快速。

成為領域大咖（ＫＯＬ），讓遠距工作更順利

從瑞士、比利時、中國大陸，到澳洲，每到一處我都成為國際經理人。從多年前開始接觸遠距工作，我的足跡遍及二十八個國家一百六十八個城市，身兼國際市場專家、作家、線上講師以及遠距工作者。只有台灣護照的我，如何突破地域和國界的限制，在全球發展國際職涯和遠距工作；如何累積自己的專業知識，持續地產出分享，而成為專業領域的ＫＯＬ，使我的遠距工作更順利，充滿驚喜。

什麼是ＫＯＬ？

相信大家一定常常會聽到ＫＯＬ這個名詞，尤其是在行銷領域的朋友們，對這個名詞一定更是熟悉，那到底什麼是ＫＯＬ呢？

ＫＯＬ是Key Opinion Leader的縮寫，也就是「關鍵意見領袖」，也稱為「關鍵與論領袖」，這是一九四〇年由保羅．拉紮斯菲爾德（Paul Lazarsfeld）在「兩級傳播理論」中率先提出的概念。保羅．拉扎斯菲爾德是美籍猶太人，也是一位著名的社會學家，他是哥倫比亞大學應用社會研究所的創辦人。所謂的「兩級傳播理論」簡單來說，就是人際傳播比大眾傳播更有可能改變受眾的態度。在一九四〇年的研究中發現，在美國總統選舉期間，選民的政治傾向轉變，很少受到大眾傳媒的直接影響，而人與人直接的面對面交流，對政治態度的形成和轉變更為關鍵，也就是說人們身旁的意見領袖，其影響力來的更大。

後來隨著時代的進步和科技的發展，現在我們所知道的ＫＯＬ，通常被定義為個人或是組織，他們擁有備受肯定的社會地位，以及能提供更多準確的專業資訊，被特定的群體接受與信任，該群體在做出決定的時候會聽取他們的建議，也就是ＫＯＬ通常對該群體的購買行為和決定權是有較大影響力的人。

意見領袖ＫＯＬ和我們現在常常聽到的網紅常常被混為一談，但是兩者是有明顯區別的，ＫＯＬ在其領域有影響力、公信力，而網紅是網路紅人的簡稱，是指因網路而出名，而且以此為業的人。

ＫＯＬ必須達到以下三點評量標準：

1、對特定領域具有熱情、興趣或是天賦。

2、在特定領域裡擁有豐富的專業知識和經驗。

3、能夠針對特定領域穩定產出優質的內容。

大家看出ＫＯＬ的關鍵字了沒？特定領域、熱情、專業知識、專業經驗、優質內容、穩定產出……。

首先要以自身的專業為基礎，然後以社群媒體平台為依託，穩定地產出優質的內容，傳播出去，慢慢地形成及蓄積你的影響力，這就是成為ＫＯＬ的關鍵。然後從這裡，也會帶給你很多不同的職業發展可能，遠距工作的機會和視野也會變寬。

十年ＫＯＬ之路，越慢越美麗

誰說職業發展只能侷限在一定的地域範圍內？我生長於台灣，現在旅居澳大利亞首都坎培拉，雖然海外生活大不易，遠距工作圈也不是輕易就能夠勝任，但是我已經修煉出一身國際移動力的深厚功底，還有數位競爭力加持，不管是在不同的國家工作或是遠距工作，每到一處都能成為來自台灣的國際經理人。我有超過十多年的國際工作經驗以及遠距工作經驗，在我選擇赴澳洲之前，曾在世界五百大公司之一的瑞士總部擔任傳播經理、在台北的奧美廣告擔任業務總監、在上海一家全球排名前三的德資市場活動策劃公司擔任資深專案經理，我也曾在聯合國駐比利時的機構工作過。

疫情之後，我也轉成完全遠距工作，在遠距工作的過程中，我覺得我的工作能力也有新的進展，解鎖新的職場技能，這些和我經營自媒體成為專業領域裡的ＫＯＬ也有很深的關聯。十年前，當時社群媒體平台不像現在如此發達的情況下，我就開始嘗試經營部落格，對於部落格一竅不通的我，光是選個版型就可以選好幾個月，而且在寫部落格文章的時候也從來不知道要如何去定位自己分享的主題，對於分享內容的品質也把關得不好，產出的頻率更是參差不齊。有很長的一段時間，我覺得我不是一個有影響力的人，對自己的專業領域以及所分享的內容不是很有信心。但是我並沒有放棄，所以每一年我都不斷的在我的職涯發展上持續進步，在我的專業領域裡不斷的累積工作經驗以及工作實力，還有我不斷的學習新知讓自己在專業領域裡越來越強大，另外我也從來沒有放棄透過寫作來繼續分享我的生活，以及國際職場中的點點滴滴。現在我是澳洲坎培拉大學的國際市場專家，擁有超過十多年的全球工作經驗累積，我跨足國際型企業、全球名列前茅的外商公司、以及世界知名的廣告公司，現在的我對於自己的專業非常有底氣，在KOL這條路途上我走得很慢，但是我走的很穩，而且一路上收穫的經驗以及看到的風景真的非常美麗。

因為追求工作與生活的平衡而來到澳洲，因為二〇二〇全球疫情而開始全職遠距工作

在二〇一六年，我被澳洲職場的「工作生活平衡（work-life balance）」文化吸引，來到北昆士蘭凱恩斯，一個只有十六萬人口的濱海小城，擔任整個熱帶北昆士蘭旅遊局亞洲市場負責人，負責的範圍超過西班牙、葡萄牙二個國家加起來的面積。我在國際職場以及遠距工作圈中打了許多精彩的戰役，例如：替澳洲北昆士蘭旅遊局拓展亞洲多條直飛航線、吸引大中華地區更廣大遊客造訪凱恩斯及北昆士蘭；擔任澳大利亞的地方政

府赴華參訪團代表之一；後來我隨先生搬到澳洲首都坎培拉，除了進入澳洲的高等教育體系工作，也成為全球遠距工作平台 Contra 成員之一，並遠距為一家國際投資公司管理社群媒體，在每週五小時的高效工作下，月創收入超過十萬台幣。另外，從新冠肺炎疫情爆發之後，我轉成全職遠距工作，在家辦公。

我雖然在澳洲工作的時間不長，已經獲得澳洲各大行業獎項提名，包括：澳大利亞昆士蘭政府旅遊業青年領袖、澳大利亞北昆士蘭旅遊局傑出

我（右二）代表澳洲北昆士蘭凱恩斯教育局，參加澳洲昆士蘭國際教育論壇大中華市場專場，右一身著黑色洋裝的女士，是澳洲昆士蘭創新與旅遊發展部部長 Kate Jones，她是澳洲最年輕的女性政治人物之一。

青年、澳大利亞凱恩斯商會傑出商業女性。目前我所帶領的團隊，已得到許多工作獎項的殊榮。最近得知，我參與策劃的國際市場行銷案，也榮獲二〇二〇年澳大利亞 ATEM 營銷傳播和公共關係卓越獎。

行業KOL以及遠距工作的擴展

除了追求工作和生活平衡，還有自身的國際職涯和遠距工作發展，我也是一個KOL，擁有近八萬粉絲在FB上追蹤我，在IG和其他社群媒體平台，我也經營的得心應手。不久前開辦專門分享國際工作和遠距工作情報的 Facebook 封閉式社團，已有超過三千名成員在社團裡相互交流。

透過網路和社群媒體平台分享與交流，甚至和許多粉絲成為好朋友，是我現在生活中最享受的事情之一。我在這些社群媒體平台上，分享國際生活和遠距工作的心得點滴，還有不藏私的與大家分享工作機會資訊，而且我有一個堅持，就是直到無法負荷的那一天為止，我會親自回覆每一位粉絲的留言和訊息。

也從我的社群媒體平台，尤其是 LinkedIn、Facebook 和 Instagram 我獲得許多不同的遠距的工作機會，以及合作機會。

成功安穩度過全球性職場風暴

我目前為全球遠距工作平台 Contra 成員之一，對於遠距工作也慢慢累積了很多心得，整理出自己的獨家祕笈〈復合式工作小筆記〉，分享給近千名臉書社團成員。所謂復合式工作，就是在不放棄正職工作的情況下，發展其他工作，尤其是遠距工作。因為我認為在這個職場巨大變動的時代，必須培養自己的多種能力，適應多種工作模式，還要發展多種收入來源，尤其是遇到大型職場風暴的時候，要隨時准備好——這個工作不行還有別的可以做，狡兔三窟，收入來源最好也是多元的。也許就是因為這樣積極應變職場變化的態度，我安穩度過在二〇〇八年的全球金融風暴，並在風暴中得到升職加薪的機會，而在目前全球疫情嚴重影響職場的當下，我依然被獵頭追著跑。

擁有國際移動力和數位競爭力

我開辦粉絲專頁的初衷很單純，想要分享在旅遊局工作的點滴，也打破「旅行與工作不能兼得」的迷思。之後，鑒於自己多年的國際職涯以及遠距工作經驗，我發現許多人對海外工作或是遠距工作興趣濃厚，也很想要嘗試，但是因為相關資訊散落在各處，很多人都沒有耐心去慢慢搜集實用的訊息，就算收集了，也不知道從哪裡開始準備。後來，我決定在粉絲專頁分享自己的經歷，開設給粉絲們專屬的「國際工作情報站」。

有人曾問我說怕不怕被人偷走自己的工作經驗和人脈資源，畢竟「肥水不落外人田」，但我深信，自己的專業能力是不會被輕易取代的，而且真正強大的人，以及真的擁有國際移動力和數位競爭力的人，是不會因為分享經歷和消息而減少自己的機會的。

很多粉絲都會找我私聊，聊著聊著就變成網友，然後網友慢慢就變成朋友了。往前看，在充滿未知和變數的未來，我期待自己持續努力工作，累積更多的專業知識和技能、持續文字創作、經營社群媒體、開拓音頻節目和線上課程，也透過與更多媒體平台合作，將豐沛的國際工作、遠距工作經驗，以及正面的影響力傳達給更多人、幫助更多的人。因為我相信，我們每個人的舞台都可以很大，都可以成為所屬領域的大咖，成為讓人信賴的ＫＯＬ，可以在世界的每個角落綻放，透過科技，我們更可以以遠距的方式，來拓展我們的國際職業舞台。

Joyce 遠距工作悄悄話

疫情期間，我和我先生都開啟了完全遠距工作模式。我們兩個最主要的工作場所都在家裡，且都在二〇二〇年正式變成 WFM（Work from Home）一族。因為不用通勤而節省下來的時間，每天一個半小時，一周就有七個半小時，幾乎就是多了一整天上班時間可以利用。除了繼續努力工作，攻讀學位，我完成了「Life Coaching（生命教練）」的證照。因為我在幫助學員和讀者發展職涯的路途上，發現職場的選擇其實是人生的重大選擇，必須要以更全面的眼光來檢視和考慮。所以，我決定要學習 Life Coaching 的課程，並把我的國際工作經驗結合現在市場行銷專業，以及做自媒體的心得，去幫助我的學員和讀者。與其追求爆紅，不如細水長流以及穩定長紅。下個十年，我的ＫＯＬ之路要走的更穩健而豐富。我相信你一定也有自己的路，在你的領域裡成為別人信賴的專業人士。

善用「3F」的力量：家人（Family）＋朋友（Friend）＋粉絲（Follower）

有人說，現代科技讓人與人之間的距離更緊密，不管在世界各地任何一個角落，都可以很便捷的保持聯絡；也有人說，現代科技讓彼此之間更疏離，因為缺乏了電子產品，人與人之間好像就不知道如何進行溝通跟情感交流了。不知道你是同意前者還是後者？請問你多久沒有跟自己的家人好好吃一頓飯了？請問你上一次跟你最好的朋友們聚會是什麼時候？請問你有沒有粉絲願意把他現在所遇到的問題跟你分享？其實你的家人、你的朋友、你的粉絲，都是支持你的堅強力量，也是你開展遠距工作的好幫手。

因為疫情在世界各地的蔓延，除了醫護人員無法進行遠距工作之外，許多人都轉成遠距工作，在家辦公變成、也必須是主流。最近，我和住在台灣、美國、英國、新加坡、中國大陸的家人視訊，雖然疫情對他們來說，不管是工作或生活都影響很大，慶幸的是，即便在疫情肆虐、衝突不斷的大環境之下，他們之中有很多人因此而展開了遠距工作，甚至有職業上發展的新可能，而我們也可以利用不同的線上溝通工具，表達關愛和思念，還可以彼此互相鼓勵，並交流在不同地區跟國家的遠距工作情況，感受遠距工作的大潮流。

最近，我跟一個多年前一起在德資企業工作的前同事兼好友Olivia聊天，互相關心對方在新冠肺炎疫情下的工作情況。我們都很幸運，各自在不同的國家和職場領域裡發展得還算順利。她現在在瑞士是一家保險公司傳媒部門的負責人，而我在澳洲的大學裡擔任國際市場專家，目前瑞士與澳洲都還算安全，疫情相對來說都得到了比較好的控制，生活受衝擊的程度相對較低。我們也都因為疫情而變成在家遠距辦公，她是二寶媽，除了面對遠距工作的新挑戰，還要思考如何在家裡一邊帶孩子一邊遠距辦公，對於澳洲跟瑞士遠距工作的點點滴滴，我們也互相分享互相學習。

最近，我收到一個多年前我出第一本書的讀者給我傳來的訊息，她跟我說她看完我的網站，覺得我現在做的事情非常棒、非常有意義，很多都是她想要嘗試的事情。另外她也加入了我的臉書私密社團，她還跟我分享自從看了我的第一本書之後，對她的啟發跟觸動很大，也影響到後來她的人生選擇。她之前主修法文，大三的時候到法國當交換生一年，畢業之後參加了台灣與法國合作的外語助教計畫，並到法國的中學裡擔任中文助教八個月。助教工作結束之後她留在法國讀書，取得了二個社會科學領域的學位。碩士第一年的暑假，到比利時的翻譯公司做實習工作以及專案管理，之後完成碩士學位回到台灣工作，她服務的單位跟國際交流都有相關，除了在法國政府的機構工作過，也曾經在歐盟在台代表單位當過祕書，目前她在一間新成立的智庫擔任媒體聯絡人，智庫的工作主要是進行台灣與新南向國家的交流。

在今年疫情嚴重衝擊各國職場的情況之下，許多人面臨可能失業或放無薪假的困境，最近，我收到一個粉絲的私信，她跟我分享一個令人驚喜的消息。她是從台灣來到澳洲讀碩士的學生，在這麼艱難的職場環境之下，她卻能夠在畢業後短短的二個月內就拿到了一家環境科技公司的聘書。她非常興奮地跟我說：「下周就開始全職工作，公司在全球都有部署，包括台北，真的真的很謝謝你一路上給我的提點和鼓勵，謝謝你Joyce！」其實我也要謝謝她，謝謝她願意把她的職場問題以及現況跟我分享，現在在澳洲，我們都同樣在體驗遠距工作。

網路時代造就了自媒體，而家人、朋友、粉絲，就是基礎

你不可能把你的名片發給全球各地的人，你也不可能把你的履歷發給幾百個、幾千個，甚至上萬個公司或是獵頭，但是你的家人、你的朋友、你的粉絲疊加起來的力量，就是你個人品牌的一種展現，也是你影響力最好的體現。在打破地域限制，達到工作空間自由的遠距工作上，他們也是你最好的助力。

在快速變化、瞬息萬變的社群時代，如何找到你自身的特質，如何強化自己與眾不同的優勢，深挖自己的專屬價值，同時善用「3F」——家人（Family）、朋友（Friend）、粉絲（Follower）的力量，擴大影響力，累積社群力，都可以大大協助你促進遠距工作的底氣，工作機會和獵頭都會自己找上門來哦！

Facebook、Instagram、Twitter、YouTube、LINE、LinkedIn、WeChat、Weibo、TikTok……等社群媒體，已經成為現代人日常生活的一部分，很少人可以置身事外，不被影響。人與人之間，藉由內容產出（文、圖、音頻、影片），還有點閱、觀看、互動、留言或是分享，逐漸建立起強大的「參與」和「連結」。例如我透過臉書經營自媒體；

用 Line 和親人好友組成群組方便聯絡；從 Youtube 追蹤台灣的政治動向；經由 IG 看到某某網紅推出自我品牌的產品；還有從 LinkedIn 上被遠距工作的獵頭丟私訊，這些都是透過「3F」——家人（Family）、朋友（Friend）、粉絲（Follower）經由社群媒體對我們產生的影響。

不過，在資訊爆炸的當下，每分每秒在網路上更新的資訊實在太多太廣，我們不可能一直不斷的去接收，所以自然而然的，我們會開始將注意力以及接收的焦點放在我們最信任最熟悉的人身上。人是群居的動物，也是情感的動物，這些社群媒體，簡單來說就是基於人類的群居和情感而建構發展的，每個人都很注重「情感連結」，也同時被「情感連結」影響著，再回到剛剛說的社群媒體平台，我們都可以看到家人（Family）、朋友（Friend）、粉絲（Follower）的足跡和影響。

不管是在公司裡的遠距工作員工，還是自由職業者自行進行遠距工作，如果能夠善用「3F」——家人（Family）、朋友（Friend）、粉絲（Follower）的力量，建立自我品牌，凸顯自己的特質，進而建立「有信任感的連結」，而不是只是單純的「連結」，這樣一來，不僅能維持和增進彼此的關係，也能開發出社群媒體平台中的多種機會。

Be Brave. Be Different. Be Yourself.

讓粉絲和讀者，還有獵頭感受到你的真實個性

可以借鑒，可以學習，但是千萬別去抄襲別人，其實粉絲跟讀者，還有獵頭都是非常精明的，他們一旦開始追蹤你的內容產出，對你個人以及你的內容感興趣之後，他們對你這個人，尤其是從你的內容展現出來的你，是非常有敏感度的。你要讓粉絲們跟讀者感受到你的個性、真實的你、你的與眾不同、也就是我常常說的你跟別人不一樣的地方。同理，要讓一個獵頭看見你，在芸芸眾生，千千萬萬的候選人當中脫穎而出，也需要讓他看到你的「不一樣」。

例如在 YouTube 上的 YouTuber 非常多，如果你不能做自己，突出自己的不一樣，那請問這些粉絲跟讀者要怎麼記得你呢？如果說你要去抄襲某一個成功的自媒體經營者的內容或是經營模式，或是風格，這是極度困難的，因為自媒體它的奇妙之處，就是可以展現你自己的個人風格，你就是這個品牌的最佳代言人。

每一個人的個性、講話方式、性格、生活跟工作的經歷、才能等等都是獨一無二的，也就是說，這個世界上只有你可以去做你的個人品牌。你可以去借鑒去學習很多你喜歡的成功自媒體案例，但是你必須要勇敢的去找到你自己的不一樣，做自己，讓粉絲、

讀者和獵頭感受到你的真實個性。說得具體一點，就是你的作品的原創性。現在是一個資訊爆炸的時代，如果你所做的只是複製貼上、複製貼上，那為什麼讀者跟粉絲要持續性的關注你呢？獵頭又為什麼要青睞你呢？雖然說創作內容並且持續性的產出，非常的花時間跟心力，但是這就是累積你的自媒體品牌聲量，以及追隨者流量最穩妥長遠的方式。

找到聰明不讓人討厭的行銷方式，對於3F來說很重要！

記得小時候爸媽和長輩常常教導我，做人要謙虛，就像飽滿的稻穗一樣總是彎得很低，半瓶水才會響叮噹。我想他們是要告訴我，一個自大，總是愛自吹自擂的人是會給身旁的人造成反感的。可是，我們身處在每一個人都需要自我行銷的時代，我們找工作，尤其是在面試的時候，其實就是透過一問一答的方式來自我行銷，在遠距工作的時候，透過我們之前累積的作品以及工作成果來進行自我行銷，所以說，如何找到聰明不讓人討厭的行銷方式，對於身旁的3F（family,friend,follower）來說都是非常重要的。

剛剛說要做自己，要做自己獨一無二的內容產出，當你有了非常有個性的內容之後，接下來的重點就應該要放在行銷。有非常多的自媒體經營者花了大部分的時間在經營內容，卻忽略了行銷的重要性。現在是一個資訊爆炸、平台也爆炸的時代，你隨隨便便拿一台手機來看，上面可能都會有超過十幾，甚至二十個不同的社群媒體平台，你好不容易做出來的優質內容，如果沒有好好的去行銷的話，要怎麼通過這麼多這麼複雜的平台讓你的讀者跟粉絲看到呢？獵頭和好機會又怎麼能找到你呢？所以，花時間和精力去做聰明不讓人討厭的行銷，是自媒體經營者最大的課題。

花時間真誠地與粉絲和讀者互動、回答他們的問題

回覆每一位粉絲和讀者的留言，對於有數十萬、數百萬或是更多粉絲規模的自媒體經營者可能很難做到，需要團隊操作，但是我個人認為，如果可以的話，要花時間真誠地與粉絲和讀者互動、回答他們的問題，尤其是剛起步的新手，你要做到百分之百回覆每一位粉絲和讀者的留言，讓他們知道你重視他們的時間。

其實一個讀者或是一個粉絲鼓起勇氣來問你問題，對他們來說可能是一件很不容易的事情，而且他們願意敞開心胸對回應你的內容、產生信任感，這對你來說是一個非常大的肯定跟尊重，所以你應該也要同樣的對待他們。用同理心來說，如果我們在網上問了一個問題，我們一樣也希望可以得到回覆的。

自媒體的時代，可以給你不同的工作選擇和可能性

自媒體（We Media），是私有化、平民化、普及化、自主化的傳播者，美國新聞學會的媒體中心早在二〇〇三年出版的研究報告裡，對自媒體下了一個嚴謹的定義：「自媒體是普通大眾經由數字科技與全球知識體系相連之後，一種開始理解普通大眾如何提供與分享他們本身的事實，以及他們本身的新聞的途徑。」

本來自媒體側重於個人的事實分享，也就是新聞的一種呈現方式，但是經過了十幾年的發展，現在的自媒體功能和能力已經不斷升級。另外，因為資訊量暴增，而且資訊真假參半，良莠不齊，所以人脈就開始更加的注重3F的信任感，大家變成把關注的焦點放在朋友或家人等和我們有情感連結的群體上，對我們大多數人來說，來自「3F」——家人（Family）、朋友（Friend）、粉絲（Follower）的分享才比較值得信賴，會影響我們做的選擇。由此發展，我們找工作，尤其是找遠距工作的時候，不再是完全依賴職缺平台，經由自媒體和3F，會有不同的工作選擇和可能。舉例來說，我的一個粉絲在澳洲一家主流電視台工作，她是華語新聞的製作人，有一次她邀請我上一個專訪，節目的主題是〈我們的故事〉，是一個專注於華人社區在澳洲發展的節目。我人在坎培拉，而她在墨爾本，我們是安排遠距採訪的方式，這就是一個我從來沒想到，從我與我的粉絲

的互動而得到意想不到的機會。

Joyce 遠距工作悄悄話

我們已經身處社群經濟時代，社群媒體對我們每個人或多或少都有影響，而且對於每一個人來說，創造、經營和把握好「3F」是發展自媒體非常重要的關鍵。

要愛情也要有麵包，
給新手的「666遠距工作獲利開箱心法」

我們對於一份高薪、體面、充滿熱情，而且能實現自我價值的好工作，有無限的憧憬，也是許多人尋尋覓覓的目標。你說，是不是有點像我們對於愛情的渴望？缺少相應薪資報酬的工作，就如同愛情缺少了麵包，將抵擋不住現實生活中的挑戰與磨難。其實愛情和麵包可以兼得，遠距工作和讓你心情愉悅的薪資，也可以同時擁有。

遠距工作給上班一族帶來更多職涯發展可能

我寫這篇文章的地點是澳洲一個叫做阿勒達拉（Ulladulla）的濱海小鎮，它距離雪梨（Sydney）約二百二十公里的車程。這裡有一個澳洲很有名的海灘，叫做莫里莫科海灘（Mollymook Beach），非常適合衝浪、浮潛和釣魚，整個小鎮的氣氛非常放鬆，有眾多度假別墅和高爾夫球場。我和老公來這裡度假，這也是二〇二〇年疫情爆發以來，我們第一次的假期。

出來度假，在澳洲美麗的海灘上寫關於遠距工作的獲利方式，的確給我帶來很棒的啟發。因為對我來說，遠距工作最吸引人之處，也是讓我最享受之處，就是它為我們帶來工作地點的自由，而工作地點的自由會帶出一連串的其他自由感受，最顯著的就是空間不同而帶來的創意自由。

究竟要如何實現「在旅行中完成工作，在工作中享受旅行」兩者兼得的理想生活狀態呢？

其實對我個人來說，**遠距工作的最大潛力，在於它可以發展成為大多數上班族的「睡」後收入**。因為不是每個人都會創業當老闆，也不是每個人都會走向自媒體穩定獲利，但是大部分的人，都需要一份工作，一份可以讓我們的生活更美好的頭路。而遠距工作，打破了地域限制的藩籬，這也就代表我們的工作機會增多，觸角可以延伸到世界各地，不再被地理位置框限。

越早擁有「睡」後收入，越快遠離社畜生活

曾經讀到一篇描述一位二十七歲（年輕人）日本「社畜」的日常生活，真是讓我覺得非常害怕，早上七點不到便離家工作，晚上過了十二點才勉強可以休息，而且他並不是社畜裡面最悲慘的。在日本有千千萬萬的工薪族，因為地獄般的加班而失去了自己的健康和生活。

看完文章，我控制不住自己思緒的想：**有什麼方法可以實現財富自由，遠離社畜人生。而且，不需要等到退休時才實現這個目標**。

「如果沒能找到一個在睡覺時還能賺錢的方法，你就注定只能一輩子朝九晚五為別人工作！」全世界最成功的投資人巴菲特曾經這樣說過。而這句話，也讓「睡後收入」這個詞瞬間爆紅。

而我在這邊想要提出一個新的組合：**遠距工作＋睡後收入**。

是呀！誰想要一輩子都被關在辦公室裡而沒有工作地點自由呢？誰想要一輩子工作

到死都無法達到財富自由呢？誰都希望睡覺也可以賺錢，而且這個賺錢的來源不再侷限於你人所在的地方。

「睡」後收入，它還有另外一個名字，那就是：被動收入，英文是：Passive Income，顧名思義就是說，在不需要花費時間和精力的情況下，就可以獲得的收入。

相對於被動收入，主動收入大家比較不陌生，那就是我們的薪水（工資）。我們平時上班工作所賺來的錢，都叫做主動收入，因為一旦你不上班了，收入就停止了。

睡後收入，是當你在休息、在度假、在呼呼大睡的時候，它依然在幫你賺錢，睡一覺醒來你就有的收入，而當你擁有睡後收入時，你不用刻意再做些什麼，收入也依然會持續進帳。

睡後收入，是獲得財富自由和提前退休的金鑰匙。睡後收入雖然不像主動收入一樣，需要付出大量的時間和精力去獲得，但是，它並不代表不勞而獲。其實，在擁有持續性的睡後收入之前，通常都需要經過很長時間的付出、經營、勞動和積累。

誰先學會躺著賺錢，誰就離財富自由更進一步。

誰先學會把遠距工作和睡後收入結合，誰就離財富自由更進一步。

還是很抽象嗎？最簡單直接的例子就是：房租收入。（自你有房產收租起的那一天，這就是你的睡後收入，不管你有沒有工作，它都會幫你持續賺錢。）

以下四項風險極低的睡後收入，你一定要（慢慢）擁有：

1、包租婆／公：

擁有睡後收入最直接的方法就是投資房地產，當包租公或是包租婆。除了自住的房子之外的房產，房子從買進到賣出，可以幫你賺差價，如果選擇出租非自住的房產的話，每個月還可以獲得一定的租金收入。還有一些人是把自己的自住房的其中的一個房間租出去，也是非常好的額外收入，這些差價或是租金，就是你的睡後收入。

2、智慧財產權：

寫書、寫劇本、寫歌、發明專利、設計、攝影作品、插畫作品、藝術作品……等等，不僅可以用遠距工作的方式進行，而且都可以賺取版權費用，很多版權都是每半年或是每年結算，你可以通過版權費用獲得持續收入，想想暢銷書，尤其像是國際級（擁有各國海外版權）的暢銷書有多大的持續性被動收入！

3、自媒體盈利：

自媒體也可以遠距經營，等到穩定和獲利後，多元性的收入來源包括：廣告收益、行銷聯盟、線上課程收入……等，都可以持續性的帶來被動收入。

4、理財收益：

儲蓄、保險、基金、股票、虛擬貨幣等。低風險的理財方式，年收益比較低，而高風險的理財方式，回報率高，但是需要承擔較大的風險，也是被動收入的來源。

穩定收入、睡後收入、財富自由、時間自由……都是我們夢寐以求的，因為擁有這些，我們就可以擁有更好的生活。所以，「有品質的遠距工作」才是我們真正追求的，不是單純的一邊工作一邊旅行，如果沒有好品質，旅行也沒辦法好好旅行，工作也沒有好好完成。

遠距工作獲利前的六個準備

1、先誠實的問問自己：為什麼你想要開始遠距工作

你喜歡現在的工作嗎？你為什麼想要嘗試遠距工作？你羨慕遠距工作者的是他們的哪一面？工作的自由度、沒有人管、貌似錢來得很容易……等，還是因為遠距工作聽起來很酷？（請誠實回答）先深度瞭解你想要成為遠距工作者的真實原因，這樣你在接下來的遠距工作路途上，才會有方向，也可以幫助你隨時調整走向。

2、請準備好筆電和確保穩定的網路

工欲善其事，必先利其器。想要經由遠距工作而獲利，你就必須要把工具先準備齊全。遠距工作的必備兩樣利器，其一就是筆電，最好是功能好、輕薄易攜帶，隨時都可以說走就走；其二便是網路，在台灣網路非常的發達，而且使用者常常習慣於吃到飽的套餐，但是如果你是在不同國家，或是在不同地區旅行也兼顧工作的時候，那就先請你確保穩定的網路，最好還要有替代的備案。

3、請養成終身學習的好習慣

其實決定你的遠距工作是否會有成果，不是你的出身、學歷、經歷、外貌、婚姻，你不能把生活中的不順遂或是你無法開展遠距工作歸咎於「他人」或是某個藉口，爸爸媽媽、原生家庭……這些無法改變的因素，也應該在進入職場後將影響減到最小。那麼，真正決定你人生走向的，到底是什麼？答案就是：在於你是否能夠保持終身學習的習慣。Keep Learning is the key! 在遠距工作這條路上，你需要不斷的學習來增進自己各方面的能力，所以，如果你想要在這條路上走得穩走得久，請立刻開始培養終身學習的好習慣。

4、養成收集資訊的習慣

很多類型的遠距工作都需要你收集不同的資訊，然後產出內容，如果你是一個完全遠距工作者，為某一個遠距公司工作，擁有如何收集資訊的能力則至關重要。而如果你是一個自媒體經營者，那麼養成收集資訊的習慣就更加重要。收集到好的資訊，可以讓你更新內容，也可以使你的靈感源源不絕，攝取生活中的所見所聞，讓你的點子可以持續發酵。

5、練習規劃自己的時間

想要成功遠距工作，並且加快腳步由遠距工作獲利，那趁早練習如何規劃自己的時間是非常關鍵的。不管你是想要成為全職遠距工作者，為一家公司全職工作，還是自由職業者以接案為主，或是一人公司、自媒體經營個人品牌，都需要做好時間管理。例如旅行的時候，你依然在遠距工作，那麼時間的管理就更重要了。建議你可以分週期、分時段來工作，例如：週一為「行銷日」、週二為「寫作日」、下午一點到三點為「合作夥伴溝通會議」時段……等等。

6、建立享受人生的心情

很多遠距工作者，也是創作者，內容生產者。首先，你要熱愛自己正在做的事情，才有可能享受你的工作，因為享受你的工作，你就會有享受人生的心情，這樣才有可能一直持續不斷的做下去。遠距工作的最大魅力就是能夠幫助我們達到工作地點的自由，所以，你也要開始準備，隨時隨地就可以轉換成愉悅工作的心情，進而建立起享受人生的心情。

「666 遠距工作獲利開箱心法」
給想要成為完全遠距工作員工的你

1. 每週投入少於 6 小時尋找遠距工作
2. 每月投遞至少 6 個遠距工作職缺
3. 在 6 個月內一定找到遠距工作

遠距工作者，不管是全職遠距工作者為某公司工作，或是經營自媒體、自己創業、自由職業者接案……相信大家都希望經由新形態的工作模式，而達到更好的生活品質。所以，如何花最少的時間、精力和成本，做自己擅長又熱愛的事情而同時又可以獲利，才是問題的核心。以下，「666遠距工作獲利開箱心法」給想要開始遠距工作的你，讓你的遠距工作順利進行。

想要找到一份全職遠距工作，其實比你想像中的容易許多。如果你對於全職遠距工作有非常濃厚的興趣，建議你可以每週投入不超過六個小時的時間，瀏覽全球各大遠距工作職缺平台，慢慢的你就可以找到很多適合你條件的遠距工作機會。找到這些機會之後請你開始行動起來，每個月至少投遞六個

「666 遠距工作獲利開箱心法」
給想要成為自由遠距工作者的你

1. 每週投入少於 6 小時開拓客戶來源
2. 每月投入金額小於新台幣 6 百元
3. 在 6 個月內建立穩定接案來源和金流

遠距工作職缺，同時間開始準備遠距工作面試的相關事項，相信你在六個月內一定可以找到屬於你的全職遠距工作。我很多的粉絲還有學員都已經成功嘍，他們正在遠距工作圈裡等著你呢！

如果你是想要成為自由遠距工作者，除了上述的準備工作之外，最重要的就是去開發、建立、維持你的接案來源的穩定性。所以請你每週投入至少六個小時以上的時間來開拓你的客戶來源，另外你可以在每個月投入小筆金額來協助開發你的客戶，可能是在社群媒體下廣告，或者是完善你的網站，持續不斷經營，在六個月內你便可以建立穩定接案的來源還有金流。

現在做個人品牌以及自媒體的人非常的多，所以我建議要在六天之內找到可能獲利

「666 遠距工作獲利開箱心法」
給想要成為個人品牌／自媒體遠距工作者的你

1. 在 6 天內找到可能可以獲利的個人品牌／自媒體初步計畫
2. 每月投入金額小於新台幣 6 千元作為準備和投資
3. 在 6 個月內做出一定成效並依據此來做調整

的個人品牌或是自媒體的初步計畫。這個初步計畫不需要做得非常細節，當然它也不可能非常完善，因為做個人品牌或自媒體都是一條長期經營的路，在這條路上你會不斷地跌倒，所以一定要隨時不斷地調整，然後在每一次爬起來的過程當中，找到屬於自己的特質，以及經營個人品牌或自媒體的方式跟合適的平台。建立個人品牌或自媒體，就像是一人創業，既然是創立一個事業，你就必須有足夠在規劃前期投入的準備金，我建議每個月投入的金額不要超過六千元，在六個月之內要做出一定的成效，而且你要根據這個成效來做調整，制定下一步計畫。

給想要成為複合型遠距工作者的你：

1、在六天內找到遠距工作的方向

如果偏好有雇主的遠距工作，那麼——

2、每月投遞至少六個遠距工作職缺

3、在六個月內一定找到遠距工作

如果偏好自由接案的遠距工作，那麼——

2、每週投入少於六小時開拓客戶來源

3、在六個月內建立穩定接案來源和金流

如果偏好個人品牌／自媒體的遠距工作，那麼——

2、每月投入金額小於新台幣六千元作為準備和投資

3、在六個月內做出一定成效並據此來做調整

許多人在享受正職工作之餘，也希望能夠利用遠距工作的方式，讓職涯發展或是收入來源可以更多元。這樣的人可能更適合複合型遠距工作。因為原有正職工作的關係，所以我會建議先思考遠距工作的選擇方向，到底是偏向自由接案，或是做個人品牌。

最後，如果你可以在「六」小時（或是六天）內看完這本書，那就更好啦！期許我們都能把所熱愛的事情變成「睡後收入」，不管我們身在何處，都能夠創造百萬高薪，愛上自己所建構的夢想工作和理想生活當中。

Joyce遠距工作悄悄話

關於遠距工作獲利這條路，從我寫第一篇部落格到今天，已經跌跌撞撞、兜兜轉轉超過十年，一直到二〇一九年中開始，我才真的開始體會透過遠距工作賺取「睡後收入」。以我個人的經驗來說，首先你真的要先問自己，為什麼你會想要遠距工作，然後找到自己的定位，你是要全職遠距工作？還是成為遠距接案的自由職業者？或是你想要建立個人品牌？也可能你不想放棄正職工作，要把你的副業們朝遠距圈裡面擴展？瞭解了這個「為什麼」之後，你才能知道哪一種「666遠距工作獲利開箱心法」適合你。

PART 4

成功打造遠距力心法ABC

360度無死角掌握遠距工作優缺點

《孫子．謀攻篇》：「知彼知己，百戰不殆；不知彼而知己，一勝一負；不知彼，不知己，每戰必殆。」這句話也適用於遠距工作，怎麼說呢？如何打造屬於自己的遠距工作心法，讓你可以順利進行遠距工作？首先，你需要完整的瞭解遠距工作的各項優缺點，然後瞭解自己的需求，這樣你才會對遠距工作有正確的認識，也不會出現對於遠距工作錯誤的期待。

遠距工作的十大優點

1、工作地點的自由

一邊旅行，一邊工作，聽起來是不是猶如情歌一般美好？沒錯。這就是許多人所嚮往的「工作地點自由」，而遠距工作就能實現這樣的美好。只要有網路，不管你在世界各地的任何角落都可以工作，在家、在咖啡館、在海邊、在深山裡、在田野中、在飛機上、在著名景點……任何你想要工作的地方，都可以是你的工作空間。

2、工作時間自我掌控度較高

相較於傳統的上班、朝九晚五的工作模式，遠距工作的工作時間自我掌控度較高，遠距工作能夠依照自己的習慣和節奏，來安排每天的工作進度。如果是自由職業者，或是在家工作者，更能依照自己的喜好以及一天當中專注力最高的時段來進行工作，提高工作效率，對於工作時間掌控權，應該更有感。

3、大大省下多項費用

這項優點，應該是很多遠距工作者最有感排行榜的第一位。以完全遠距工作模式辦公超過三個季度的我來說，我最主要的工作場所是家裡，在家工作省下來的開銷，包括：通勤的費用、外食的費用、和同事聚餐社交的費用……等，一個月下來，大概可以省下近一千元澳幣，將近二萬一千塊台幣。我有些同事住的地方距離大學比較遠，每隔一周就要加一次油，現在光是加油的費用就可以省下很多。她說從疫情到現在，因為在家工作，她只加了二次油。

4、更能兼顧私人生活

遠距工作不僅省下了許多生活上的開銷，而且也省下了很多傳統工作模式下所花費的時間，最顯著的就是上下班通勤的時間。過去進辦公室上班的時候，早晨出門前，我需要一個小時的時間來化妝、著裝、吃早餐，通勤時間至少二十分鐘，等到真的進到辦公室坐定下來開始工作，前前後後的時間加起來也有一個半小時了，再加上下班回家的時間，一天裡面有二個小時就沒了。遠距工作之後，這些時間就變成了私人時間，所以遠距工作會讓工作者更有充分的時間兼顧私人生活。

5、沒有主管盯著的壓力

遠距工作的時候，不用看到老闆的臉色，尤其是那種事事都要干涉的主管（微觀管理micromanaging，俗稱：龜毛式管理），不必面對和你不對盤的同事，不必理會辦公室八卦，也不用去在乎辦公室政治角力的烏煙瘴氣，這些辦公室所帶來的壓力自然而然不翼而飛，每天工作的心情也會好很多。

6、工作效率提高＋工作滿意度高＋離職率下降

根據史丹佛大學經濟學教授Nicholas Bloom研究指出，在家工作（遠距工作，主要工作場所在家裡）不但工作效率更高，工作滿意度高且離職率更低。其中工作效率的提升高達十三．五％。我自己認為工作效率提升有兩大主因：由於來自辦公室裡的干擾大大減少，更能依據自己的工作節奏來進行工作和安排工作。對於企業來說，如果可以允許員工一周裡有幾天的時間進行遠距工作，員工的工作滿意度會上升，而且離職率會下降，而那些不願與時俱進的公司，勢必很快會被員工所拋棄。

7、舒適度增加

擁有舒適以及放鬆的工作環境是促進工作效率十分重要的因素之一，所以在進行遠距工作的時候，因為有了工作地點的自由，遠距工作者可以自行選擇他們最喜歡最舒適的場所來工作，例如家裡是最能讓人感到放鬆與舒適的地方，也是最常被選擇的工作場

所之一。此外，對於可以從通勤節省大段時間的上班族，在家工作時可以保證睡眠時間，而且不需要每天化妝，這樣不僅省下時間，有更多休息時間，還能養出更好的膚質。

8、有機會發展「睡後收入」

進行遠距工作，尤其是在家工作者，因為工作地點的自由，可以省下許多通勤的時間，就更有機會發展「睡後收入」。如果是在公司上班的員工，每個月領著死薪水，薪資能不能調整還得看老闆的臉色或是公司的制度，但若是進行遠距工作後，不管是否為完全自由職業者，收入就沒有天花板，不再是固定不動的。

9、病假率低

不用花大把的時間上下班通勤，員工有更多的睡眠時間，身體健康更佳，即使有時候有小感冒，或是不舒服，也因為可以在家工作而減少請病假的機會。再者，辦公室的環境很容易互相傳染感冒，在家工作可以大大減低這樣的風險。現在疫情之下，在家工作更是很多企業的常態，為的就是保證大家的健康與安全。

10、員工無國界人才各方來

自從臉書和推特等大公司宣布，即便在疫情後，遠距工作也會持續進行。從大型企業開始投石問路，之後會有更多的公司開始允許遠距工作，甚至也會有越來越多的公司轉型為完全遠距公司。站在資方的立場，遠距工作可以爭取世界各地的優秀人才，不再需要拘泥於國界的限制，未來搶人才大戰在全世界都會更加激烈。

遠距工作的九大缺點

1、生活與工作的界限消失，關機很難，一不小心就OT

這一項缺點，應該是遠距工作者感受最深的。遠距工作，尤其是在家工作的人，真的很難清楚的把生活與工作分開，因為在家工作不像去公司上班時，有個明確的上下班時間，也會有固定的休假時間。對於本來就是工作狂的人，從張開眼開始，一直到睡覺前，可能都是處於工作狀態，不管什麼時間都會去檢查郵箱、回覆手機資訊、線上協作溝通系統的訊息……很難真正關機，常常工作超時（OT），這也會造成幾乎沒有所謂的「私人生活」的時間。

2、沒有網路就只能驚聲尖叫

能夠進行遠距工作的基礎，就是——有網路。當沒有網路、網路不穩定、網路速度不夠，或是網路斷線的時候，遠距工作者真的是只能驚聲尖叫了！不管你是在家工作、在咖啡館工作、在海灘工作……的遠距工作者，都必須利用網路來工作，只能說要儘量有備案來預防沒有網路的情況發生。

3、溝通障礙、缺乏即時性

遠距工作常遇到的困難點就是溝通障礙，因為沒有辦法面對面溝通，就需要更仔細地反覆確認雙方溝通內容的正確性。還有，如果一起工作的夥伴不在同一個時區，就會出現線上敲同事，但是卻沒有辦法即時得到回覆，而無法繼續進行工作事項，這是遠距工作最需要克服的障礙之一。

4、收入起起伏伏很難穩定

自由職業者以遠距工作方式，自己接案或是經營個人品牌，常常會有這個月有收入，下個月不知道有沒有的窘境，尤其是剛開始從事自由職業前期，收入的不穩定，常是自由職業者最大的壓力和擔憂。所以在這裡建議想要完全從事自由職業者，需要預留給自己一段經營時間的收入空窗期，之後才能漸漸的穩定自己每個月的收入。因此，我也建議新手不要衝動辭掉現有的全職工作。

5、社交機會比較少，同事之間缺少互動，工作關係很難形成

遠距工作時，尤其是選擇在家工作的人，大多離不開一個「宅」字，常常一連好幾天、幾周，甚至是幾個月都是一個人工作。有時候，在家工作者會自嘲，一整個禮拜下來，只有和家人及外送人員有實體互動。和同事之間的互動比起在辦公室裡面少的多，如果沒有自己安排和朋友同事在工作之餘聚會，社交機會大大減少是很正常的，另外，當沒有面對面的接觸時，很難與新客戶建立信任並發展工作關係。

6、家人以為你時間很多，比較難用同理心對待

我有好幾個在家進行遠距工作的朋友，對於和家人的相處，都出現了一些問題，尤其是在做家事方面。因為在家工作時，家人有時候會誤解你「很閒」，就會要你多分擔家務，即便你忙得不可開交，也很難跟家人爭辯，尤其是面對長輩，或是沒有經歷過遠距工作的家人，更難用同理心來理解遠距工作的狀態。

7、情緒管理和面對孤獨

人是群居的動物，長期的獨立工作下來，每天的工作常無法接觸到同事以及合作方，人與人的互動大大減低，漸漸的很多人都會有強烈的孤獨感，而影響自己的情緒。所以，情緒管理和面對孤獨也可以說是遠距工作的難題之一。

8、自律力神隱的時候很痛苦

遠距工作要求極大的獨立工作能力，自律力強的人，也比較容易進行遠距工作。有一句話說：「不想被管，就先管好自己。」這就是遠距工作的最佳寫照。但是每當自律力下降，甚至想神隱的時候，那真的非常痛苦，而當你在家工作時，光是每天要準時起床和抗拒家中各種誘惑去專注於工作，就需要很大的自律力。

9、生活空間被壓縮

大部分的現代人居住空間都不是很寬敞，這是一個不容否認的現狀，尤其是在城市中的我們，大多數人都是住在公寓的環境裡。要從這樣有限的小空間，創建出一個居家辦公室或專屬的工作區，是一個難題。這樣一來就會造成空間被壓縮而影響了原有的生活。

工作、生活的平衡與整合

看完三百六十度度無死角遠距工作十九項優缺點後，你還會想要遠距工作嗎？贊成的一方，都是非常喜歡遠距工作這種新型工作方式。不只是省下了通勤、化妝準備上班的時間，在家工作比較自在舒適；而反對的一方覺得，他們寧願有固定上下班的時間，擁有規律的生活，也不用擔心工作和生活的界限模糊。

其實你看這十九項優缺點，很多都是一體兩面的。例如，「優點4」能兼顧私人生活，與「缺點1」生活與工作的界限消失，關機很難，一不小心就OT，其實都是在說同一件事。也就是我們常常說的——工作與生活的平衡（Work Life Balance），讓工作與生活的次序恰當，甚至是進化到生活與工作整合（Work Life Integration），把專業工作和私人生活完美融合，不僅能夠兼顧兩者，更能面面俱到。

Joyce 遠距工作悄悄話

遠距工作是一種工作模式，但是它也是改變我們生活模式的動力，我在國際工作的路途上一直在追求工作與生活的平衡（Work Life Balance），遠距工作後，我才發現人生不是二分法，不是工作占五十%，然後生活占五十%，而是我們要在工作的旅途中，找到和生活可以順利融合的方法。

遠距力的基石——自律、時間管理和執行力

想想你上一次立志減肥成功了嗎？再想想你上一次說每個月要讀完一本書做到了嗎？你設定每個月要存二十%的薪水執行了嗎？你在滑手機的時候，看著別人寫的勵志文章，反觀自己還賴在床上拖拖拉拉不肯起來？

其實，遠距力是一種我們每個人都可以培養的超能力，它並非遙不可及，而遠距力的成功基石就是——自律、時間管理和執行力。

看著身邊的人一個一個開始遠距工作，而且把自己的生活安排得井然有序，你是不是也想要跟他們一樣呢？

給自己設下陷阱，你才有可能達成自律

小時候有沒有常常覺得爸爸、媽媽、家裡長輩們很煩，一天到晚叫我們要讀書、要勤勞、要早起、要這樣、要那樣……還常常拿各種自律的「成功案例」來和我們作比較，各種安親班、補習班、才藝班，非要把時間表填滿滿才罷休。但是結果是什麼？大部分的人學習的東西很快就還給老師；計劃年年做，永遠實現不了，然後滿街都是學習英文五年、十年還開不了口的人；減肥連減個三公斤都很難；每天依然賴床；每天浪費時間；還是常常熬夜……這個 list 我可以一直接龍下去。

爸媽和長輩希望我們成為自律的人，不用人叫就可以自己起床、不用逼就可以自己讀書、不用嘮叨就會自己練英文、不用催促就可以自己運動……我們自己也希望可以成為這樣的人，可是大部分的人都：做。不。到。

我們的爸媽長輩因為我們做不到這些事情而常常念我們，但是我們為什麼做不到？因為**自律，常常是違反人性的**。對，你沒看錯！自律常常是違反人性，所以，對於一般人來說，自律是我們的天敵！我們做不到，這不是我們的錯，我們不用覺得內疚。

符合人性的事情都很簡單就能做到

美食、性愛、睡覺、耍廢、享樂……，為什麼這些事情做起來不費吹灰之力？因為我們天生內建的強烈驅動因素，不用別人催促逼迫，自己會自動自發地去做。所以，千萬別以為市面上的線上游戲（online games）很簡單很單純，除了程式設計外，還有很多心理學家和人類行為學家參與設計，讓玩家一定會上癮，持續的玩遊戲、廢寢忘食的玩遊戲，甚至讓很多很多人願意付費去玩遊戲。

我們從人性得到一個結論，我們必須要有一個強烈的驅動因素，讓我們上癮，我們才有可能自動自發、持續的、重複的去做一件事。

關鍵字來了：上癮

是不是常常聽到有人說，我是旅行成癮者、我是拍照控……這就說明對某件事上癮了。上癮就會天天都要做，不做不爽，不做會死。因為喜歡，因為享受，所以這些事情就可以持續做。

而自律呢？通常都會有點不舒服，因為反人性。例如天天早起，尤其是冬天，誰不想在溫暖的被窩裡多睡三十分鐘？這樣的事情，你當然不會自動自發地去做，更不會持續性的去做。

自律可以理解成有點反人性

自律，可以理解成有點反人性，通常是在上癮的範疇之外，所以，我們才無法達到。可是為什麼這麼多人還是可以達到自律？我們要做的是什麼呢？你要做的是：**在自律的前面設下一個陷阱，把自己推進去，綁架自己，逼迫自己去做某件事情，你才有可能達到自律**。

拿大家最討厭的讀書學習來做例子，考試，就是這個設置好的陷阱，而我們大部分人，是被動的被推進去，被綁架，我們才會去讀書、復習、準備考試，你才會達成考試前的自律。可是為什麼這樣的自律不會長久？高中生一進大學，完全放飛，晚上打遊戲到深夜，早上起不來上課，什麼讀書考試，明天再說，睡覺聊天追女生／男生比較重要。因為你已經沒有預設的陷阱去推動你，逼著你自律。

再舉一個例子，為什麼自古多昏君，古今中外皆是，因為要成為明君必須要自律，君王也是人，他們一樣無法做到自律，尤其他們是萬人之上，有錢有權，他們在自律前面的陷阱幾乎不存在，所以，他們很少能達到自律。而言官給君王設下的陷阱是什麼？天下人的悠悠之口，史書對他們的評價，不能愧對祖宗基業……這就是他們在自律面前設下的微弱陷阱，強行推帝王進去，逼迫他們自律。

我再拿一個例子來說明關於自律和陷阱。我現在居住在澳洲的首都坎培拉，它是個新興城市，一個人工打造出來的城市，不像是雪梨、墨爾本、布里斯本……等城市，是因為歷史因素而自然發展出來的。很多人對於坎培拉非常陌生，這並不奇怪，因為它存在的時間比澳洲其他大型城市的時間短，它也常常被嘲笑是一個很無聊的地方。坎培拉為了要進步，改變人們對它的偏見，怎麼辦？也是自律，而城市的自律，來自於做更好的城市規劃、發展更多元的企業、增強周邊酒莊文化促進觀光、政府投入更大的預算進行建設，那陷阱是什麼？就是人為設下的首都地位。不管你怎麼看待坎培拉，它就是澳洲的首都，擁有澳洲最高的平均收入和教育程度，澳洲最好的大學也在這裡，它是澳洲的政治中心，現在還是很多新型企業的發展基地。連城市都在自己給自己設陷阱了，我們還在等什麼？

給自己設下陷阱，你才有可能達成自律

知道自律難以達成後，我們就必須要自己設下陷阱，把自己推進去，綁架自己一段時間，來逼著自己自律。自律久了就成為習慣，一旦成為習慣，就比較能夠成為我們常常能做到的事情。

曾經有粉絲私信和我說：Joyce 應該是一個很自律的人，全職工作、經營自媒體、讀書和寫作都同時進行，可以分享是怎麼做到的嗎？錯！我最喜歡在宅家裡耍廢，滑手

機看視頻，吃零食，再和朋友聊天打屁。

可是為了自律，我自己給自己設下的陷阱是什麼？就是成立臉書粉絲專頁和社團。我目前擁有近八萬人的粉絲團，當我看到粉絲的支持和留言，讀到粉絲的私信和我互動，看到粉絲因為我的文字和幫助而開展自己的國際工作和生活之旅，開始嘗試遠距工作，改變自己職涯的現狀……我就必須要持續性的生產出好的內容來給大家。

於是這個粉絲團和社團就成為自律面前我自己設下的陷阱，讓我變得自律，然後變成習慣。因為我有正職工作，所以我要合理安排自己的時間來經營這個粉絲團和社團，我規定自己每週三天早上寫作一小時，每天早晚二次回覆粉絲留言和私訊。然後我再用這樣的自律變成另外一個陷阱，在寫作之前，做運動三十分鐘，活動筋骨，讓自己思緒更清晰，寫作更順暢。

自律的人，也是人，但是他們是可怕可敬的人，他們會給自己設陷阱，狠心的把自己推進去，然後達成自律的目標。每一個成功企業家、舞蹈家、音樂家、作家、演說家、藝術家……都是這樣培養自律的。如果你自己狠不下心，需要別人推你一把，或許是你的父母、你的同學、一個教練、或許是你的愛人，來推你進陷阱，那你可以求助於他們，讓他們來幫助你。

也有很多人會覺得，蝦米！這麼自虐！那我乾脆不要自律。你當然可以這樣選擇，這也是一個最容易的選項。只是自律的人生，往往能幫助你達成許多目標，往往更美好喔！

擁有自律後的人生，通常都很美好

順應人性裡享樂的原始驅動能力，當然比較簡單，但是，當自律養成了之後，就會變成一種習慣，也會變成人生中一種重要資產。能自律的人會擁有很多知識和技能，更會成為定義一個人的關鍵，也就是傳說中讓人羨慕的成功人士。

平凡的地球人會因為自律而擁有更多真正的自由，包括金錢的自由和時間的自由，還會得到很多夢寐以求的東西，例如：健美的身材、能夠流利使用外語、更順利的職涯發展、旺盛的精神、不易老的容顏……等。

你可能聽過一句話：多自律，就多幸運。而很實際的是，自律養成的過程，一定是一段難熬的時光，讓人想要放棄。但擁有自律後的人生，通常都很美好。出道二十年的蔡依林，從一個沒有任何舞蹈基礎的新人，到今天流行舞、爵士舞、體操、芭蕾、鋼管舞……都精通的全能舞者，她學做翻糖蛋糕，並拿了英國 Cake International 蛋糕比賽的金獎。蔡依林剛出道時的青澀與稚嫩，自律推著她不斷前進，在競爭激烈淘汰更是天天都在發生的演藝圈，她長紅二十年，散發著的是自信與獨立。

想要從傳統的工作方式進化到遠距工作，一定有很不確定的因素要克服，也會有很多還未擁有的能力要去培養，而這些沒有自律都無法達成。思考一下，給自己設下一個陷阱，然後推自己進去，養成習慣，你就大有機會達成啦！

艾維．利時間管理法

我常常覺得，這世界上若有什麼是公平的事，其中一項就是「時間」，不分男女老少，不論美醜，不管家庭背景……每個人每天都有二十四小時可以使用，而且「時間看得到」。為什麼說時間看得到？因為把時間花費在什麼上面，我們就可以在什麼地方看到成果。如果你想要說一口流利的韓語，那就要把時間花費在學習韓語、練習韓語上面；如果你想要擁有健美好身材，那就要把時間花費在重訓和飲食管理上面。所以，其實時間是最誠實的，因為時間花在哪裡，都是看得到的。有人說，時間是把殺豬刀，把青春帶走了，只留下皺紋和肥肉。其實，時間也可以是一把雕刻刀，往你想要的樣子付出努力，花時間在對的事情上面，然後你會看見更好的自己。

時間管理也是我們大家都要學會的技能！我最喜歡的，也最常使用的是「艾維．利時間管理法」，也稱六點優先工作制。因為它非常的簡單而且容易執行，我覺得每個人都有很多的「想要」，也很容易給自己設立太多的目標，把排程塞滿，其實這樣反而會造成過多的壓力和焦慮感。「艾維．利時間管理法」就是把每天最重要的六件事情完成，簡單直接，不複雜，如果完成不了，就移到第二天的六件事情裡面，它不但符合我的工作習慣，而且讓我覺得可以達成，有成就感。

時間管理法有很多種，例如很多人都聽過的「番茄時間管理法」，我覺得不管是利用什麼樣的時間管理法，只要選擇你喜歡的而且適合你自己的就可以，甚至你可以自己創立最適合自己的方法來管理時間。

擁有持續不斷的執行力，你就已經贏過九十九％的人

你有沒有想過你承受拒絕或是失敗的耐受力有多強？當人資拒絕你、創業失敗、做自媒體不順利，或是找工作碰壁的時候，你需要多久的時間重新站起來？

有一個研究說，七十％的人在第一次失敗或是被拒絕後就放棄了，剩下二十％的人在第二次失敗或被拒絕後也會放棄……而能夠撐過第五次失敗或拒絕的人，不到一％。也就是說，如果你有持續不斷的執行力，那你想要達到的目標一定離你不會太遠。

我們身處的社會環境、職場環境，以及現在的全球大環境，通常「No」是大過於

「Yes」的。例如，很多人在找到一份工作之前，可能要經歷無數次的投遞簡歷之後卻了無音訊。我們嘗試做一些沒有做過的事情，也是一樣。以我自己經營自媒體為例，在過去的幾個月的時間裡，一直在努力建設自己的網站，對於網站建設這件事情，我是完全的門外漢，要從哪裡下手都不知道。但是我知道，要把我自己產出的所有內容，完完整整統籌在一個自己可以百分之百控制的平台上，是非常重要而且關鍵的，各大社群媒體平台有很多優點，也在社群傳播上很有力，但是，萬一碰到無故停權，或是被外在因素影響的時候，自己的掌控力就弱很多。

既然下定決心要做這個網站，不管其中有多少困難、多少彎路要走，都要堅持下去，要用堅強的執行力去克服一路上的問題。

我希望能快速完成搭建網站，因為沒有任何經驗，也完全不會寫代碼，更不想花太多的時間。綜合考慮下，選擇一個合適的簡單便捷的網站建設平台，就能幫助我快速地把網站建起來，讓我有更多的時間投入到網站的內容上，所以我選擇了使用 Wix；功能變數名稱的購買，我就選擇大家孰知的 GoDaddy；在 email 自動化的部分，我則選擇了 Mailchimp。

有了網站雛型之後，我一直在各方面糾結，總覺得哪裡都不完美，從預定的一月底要上線，拖到三月，然後又換了版型，又拖到五月……後來我下定決心告訴自己，不能因為不完美就一直拖進度，因為與網站的功能性相比，其他的可以慢慢調整，依照進度去執行，才是最重要的。終於，我在今年六月終於按下「發布」的按鈕，網站正式上線。也因為網站的功能還在持續完善中，所以在剛剛上線的前期還收到了批評的反饋。其實收到這樣的訊息的時候，心裡是感到挫折的，有被拒絕、也有失敗的感覺。但是我告訴我自己，既然這是自己決定要做的事情，那就一定要堅持下去，進行到底。

然後，我又想起了那個研究——七十％的人在第一次失敗或是被拒絕後就放棄了，剩下二十％的人在第二次失敗或被拒絕後也會放棄……而能夠撐過第五次失敗或拒絕的人不到一％。所以，我相信，只要持續行動，堅持下去，不輕易放棄，確實執行，我很可能就已經贏過九十九％的人，**因為我不再是「想」把這件事做好，而是「正在」把這件事做好。唯有「執行力」，能夠帶來本質上的區分**。

Joyce遠距工作悄悄話

很多時候，我們對「自律」會產生焦慮和壓力，因為眼睛看到都是別人的自律成果。其實我們只要專注在自己身上即可。時間管理是每一個人都會面臨的問題，越早找到適合自己的時間管理方式，越能夠把自己的工作和生活安排的得心應手。而執行力是很多人都非常缺乏的，但是很多時候，不是自己不夠努力，而是設定的目標數量太多，適當的調整，確保可執行的方案，才能夠不只坐而言，而是起而行。

十個遠距工作者必備的關鍵高效工作法

遠距工作，依據不同的工作場所選擇，會有各式各樣的「誘惑」會讓你分心，造成工作效率低下。曾經看到這樣一句話形容遠距工作——「左邊是床，右邊是貓，前面是電視，後面是廚房。」的確，進行在家工作（Work From Home, WFH）真的會遇到這樣哭笑不得的情況。

如果在家：滑手機、打瞌睡、吃零食、毛孩鬧、看電視。

如果不在家：看天菜、哈嫩妹、聽海風、滑手機、看日落。

為了保障遠距工作可以順利進行，而且工作高效，除了要為自己規劃出遠距工作的短、中、長期目標之外，以下有十個必備的關鍵高效工作法，和大家分享：

遠距工作者必備的關鍵高效工作法	依據重要程度 Joyce 給它們的打星	依據你自己覺得的重要程度打星
1. 安排主要的工作區域	★★★★★★	
2. 規劃合理的工作目標	★★★★★	
3. 計畫具體的工作時間	★★★★★	
4. 設置固定的休息時間	★★★★★	
5. 養成規律的運動習慣	★★★★	
6 創建適合自己的 SOP	★★★★	
7 關閉私人的社群媒體	★★★	
8. 參加定期的社交活動	★★★	
9. 設置每年的長期休假	★★★	
10. 懂得辨別是否外包和自動化	★★	

一、安排主要的工作區域

人是慣性的動物，而我們每天的生活作息，會讓我們習慣於某種狀態。例如，回到家裡就要休息，在辦公室就要工作。所以我認為進行遠距工作，第一重要的就是，把自己最主要的工作區域，做妥善的安排。如果這個主要的工作場所是家裡，那就需要把「工作」與「生活」區域分開，不讓自己陷入工作和生活界限模糊的情況。遠距工作者最忌諱的就是在平常休閒娛樂的區域裡工作，因為長期下來，會給我們的大腦造成很大的困難，干擾進入工作的最佳狀態，下班了，也很難真正放鬆。

以我自己為例，在家工作時，我會儘量規定自己在固定的區域進行工作，當然時不時也會偷懶賴在沙發上，或是想要在舒服的床上工作。但從今年三月之後，我和我先生都轉成遠距工作模式、在家辦公一族（Work From Home, WFH），而我們最主要的工作場所就是我們的家裡。因為我先生的工作需要多個電腦螢幕，所以他使用我們家一樓的書房，而我的工區域就在二樓的客廳，特別規劃一個靠窗戶的角落，放了一個可以升降的書桌，讓我可以坐著或是站著工作都行。這樣的安排可以確保我們在工作的時候，尤其是在進行線上會議時不會互相干擾。

另一項與工作習慣息息相關的是，必須讓工作的一天裡充滿「儀式感」。就像過去到辦公室上班一樣，每天在工作前要有一定的流程，然後再進入工作區域開始工作。怎麼創造「儀式感」呢？其實非常的簡單，以下幾件稀鬆平常的事情，都能協助我們創造儀式感：

- 起床後喝一杯溫水
- 早晨拉筋或是瑜伽
- 刷牙洗臉脫下睡衣換裝
- 畫淡妝為線上會議做準備
- 和家人享用健康早餐
- 在主要的工作區域開始工作

看似平凡的小事，如果都做到了，便可以感受它們帶來的威力和影響。所以，儘可能每天都做到這些事情，不僅能協助身體和大腦進入「工作模式」，也能讓你更容易駕馭遠距工作，在工作上會更加專注，效率會更高，還能讓你在工作結束後，更快的進入下班休息的狀態。試想，如果你沒有做好區分工作和生活的區域，那是不是會變成：早上睜開眼就打開電腦，睡前一秒也還在滑手機，而你工作和休息的區域是一樣的，睡覺前滿腦子還在思考工作的事情，這一定會嚴重地影響你的生活。

不管你是不是以家裡當成你遠距工作的主要工作場所，為自己安排好一個主要的工作區域，可能是家裡的書房，可能是一家你最愛的咖啡館，但是請注意，盡量不使用日常生活用來放鬆、休息、娛樂，或是社交的地方。創造儀式感、劃分工作區域是非常重要的。

二、規劃合理的工作目標

任何工作要順利進行，都需要設立目標，據以實踐，遠距工作也是一樣。具體地來說，就像是每個企業會設立每年的目標、半年的目標，然後再細分到每個部門所要達到的目標，我們在辦公室工作時，每週會有週會，每天會有一個待辦事項清單（To Do List），這些行程及動作，其實都是在幫助你設定及追蹤你的工作目標。

合理的規劃工作目標，能夠幫助你把工作的期望值具體落實到工作事項當中，讓你知道每天你需要完成什麼工作事項，這樣會讓你工作起來更有明確的方向。遠距工作因為少了老闆的督促，以及同事們之間互相的提醒，往往需要獨立作業，自己完成與規劃合理、關鍵的工作目標。合理的工作目標能夠幫助我們在工作上更順利執行，並達成K.P.I.（Key Performance Indicator 關鍵績效指標），而不合理的工作目標，則會造成反效果，徒增壓力卻無所適從。

不管你是在一個公司體制下的遠距工作者（工作目標是公司給的），還是你是進行遠距工作的自由職業者（工作目標是自己給的），都可以利用「現代管理學之父」彼得·杜拉克（Peter F. Drucker）的 SMART 原則，幫助我們規劃出合理的工作目標。無論是制定遠距團隊的工作目標，還是員工或個人的績效目標，都必須符合以下五個原則，缺一不可。

舉個實例來說，在沒有運用 SMART 原則的工作目標可能是：「我要大大增加潛在

SMART 原則

· **Specific（具體性）**：

設立目標的第一步，不僅要明確，而且要具體，切不可模糊。

· **Measurable（可衡量性）**：

能夠量化或拆解成明確任務的目標才是好目標，因為唯有可以衡量的標準，才能進行監測，以及後續追蹤與評量。

· **Attainable（可達成性）**：

設定可達成的目標是關鍵，需要注意和避免設立過高的目標。

· **Relevant（相關性）**：

工作目標設定要和其他目標的關聯性很深，來激勵自己完成任務。

· **Time-based（時效性）**：

工作目標必須定下明確的完成時限（deadline）。

客戶名單。」

套用 SMART 原則後，這個工作目標會變成「為了達成這個季度的業績，我要每二週推出一個名單磁鐵，每個月增加五百個潛在客戶，在接下來的三個月內至少增加一千五百個潛在客戶。」

另外，在設定目標的時候，請注意，適當的調整目標是非常重要的。工作的時候，必須隨時檢視自己的工作進度，如果發現自己定下的工作目標有許多難以完成，先不要著急也不要覺得自己工作失敗了，而是應該問問自己為什麼無法達成這些事項。或許是方法錯誤，或許是合作夥伴的因素，同時，也要評估之前定下的工作目標是否合理，是否需要重新再調整。

三、計畫具體的工作時間

傳統在辦公室上班的工作模式，其實已經概括性的把工作時間分成：上午（九點到十二點）、午休（十二點到一點）、下午（一點到五點），還有在這些時段外的加班。遠距工作因為缺少通勤的時間消耗，也擁有工作地點的自由，如何計畫好具體的工作時間就變成重中之重，不然可能會面臨拖延症大爆發的窘境，或總是想要多做一點卻忽略了休息。

不管你是使用紙本，還是使用種類繁多的線上工具；不論是團隊合作還是個人獨立作業，你都要找到合適的方法來幫助你計畫具體的工作時間。我現在的工作團隊是利用 Asana 來安排工作任務，也協助標示出明確的工作時間。

自從我開始遠距工作，因為我的工作主要的場所是在家裡，每天的作息不像在公司上班一樣固定，在家裡工作的一項大挑戰就是容易加班過頭，工作和生活的界限模糊，對於時間的掌控力變弱。

我們的整體團隊在開始進行遠距工作的前二個月，多少都出現「適應不良」的症狀。

- 沒有安排會議的時候，不知道怎麼計畫工作事項的優先順序。
- 工作沒做完就不休息，持續加班，然後造成熬夜爆肝。
- 晨型人早上工作效率很高，時間安排很好，下午開始後繼無力。
- 夜行人下午才開始爆發工作實力，早上的時間常常無法好好利用。
- 同事老闆不在身邊，總覺得有做不完的工作或是擔心工作進度落後，壓力和焦慮上升。

我們開始正視並且想辦法解決，結果發現這些「適應不良」的症狀，都和計畫具體的工作時間有密切的關係。我使用的是「**艾維·利時間管理法**」，也稱六點優先工作制，五個詳細步驟如下：

1、在每天工作結束後，寫下六項明天最需要完成的工作任務，注意別超過六項。

2、按照這六項工作的重要性，以數字排列它們的優先順序。

3、隔天開始工作的時候，優先完成第一個任務，再進行第二個任務。

4、用相同的方式處理其他工作任務，一天結束後，將當天未完成的移至隔天的六項任務當中。

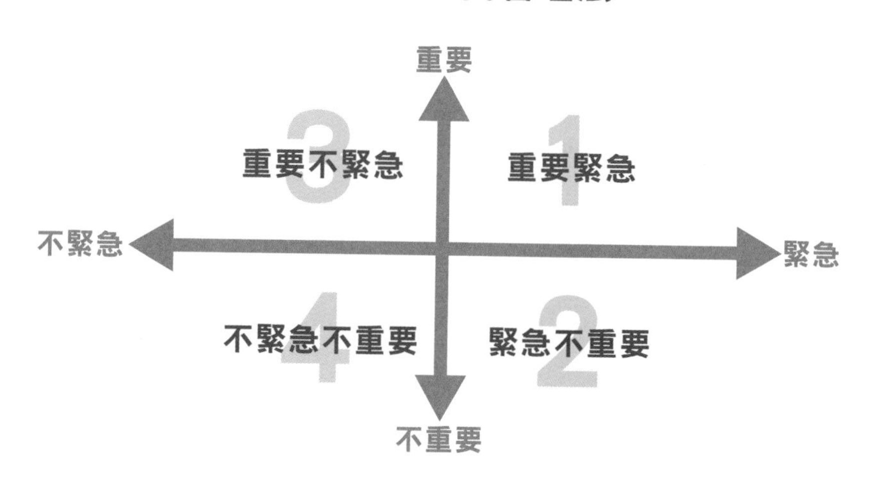

5、每個工作日都重複上面四個步驟。

我認為計畫具體的工作時間，必須要先把工作的優先順序排好，這樣可以把工作緩急輕重妥善安排好，也可以更有效率的計畫和運用時間。

四、關閉私人的社群媒體

「關閉私人的社群媒體」這一點，說很容易，但是做到的人真的是鳳毛麟角。工作上的專注是提高效率的核心，但能做到專注的人不多，尤其在e時代，身旁被許多電子產品環繞，光是手機上的社群媒體提醒或是通知，就足以讓人分心，本來寫到一半的計畫案，手機一響，自己就忍不住去查看，導致無法全神專注於工作上。

在進行遠距工作的時候，電腦上的訊息已經很多，有電子郵件提醒、線上團隊協作系統提醒（Microsoft, Teams, Zoom, Webex），有時還會用到很多通訊APPs，例如WhatsApp, LINE, Telegram……等，如此繁多的工作訊息待處理，真的建議要把私人社群媒體關閉，或是至少做到在固定工作時間關閉，然後在午休或是其他休息時間再開啟。

我處理私人社群媒體干擾的方式，就是在我要專注於工作時，就把所有會影響我的私人社群媒體通知都關掉，確保它們不讓我分心。有人可能會問，如果真的漏接重要訊息怎麼辦？其實根據我的經驗，九十九%的情況下是沒有任何問題的，而且假如真的有重要資訊或是有急事，直接打手機就能找得到我。

五、設置固定的休息時間

人體不是機器，不可能二十四小時運轉，工作中設定固定的休息時間，反而會增進工作效率。對於遠距工作者來說，尤其是自由職業者中很多都會陷入「能多接一個案子就多接一個案子，能多做一些，就多做一些」這樣的漩渦，因為自由職業者為了要穩定每個月的金流，最難做到的就是給自己設定固定休息的時間，特別是在接案初期的時候，更是如此。

我有一個經營電商的好閨蜜，她的網店剛過五歲生日。過去她在家工作的最初十八個月，常常一天工作十七個小時以上。也就是說，她除了吃飯、睡覺加生活瑣事用掉的七個小時之外，其他的時間都在工作。到第二年底，她終於撐不住了，才三十出頭的她，月經紊亂、胃潰瘍、過勞肥……各種疾病找上門，她終於意識到長期缺乏睡眠，沒有定時吃飯，再加上她幾乎整天都在煩惱工作的大小事情，工作上過大的壓力，讓她的身體健康亮紅燈！而她並不是特例，有很多遠距工作者，尤其是自由職業者，都會遇到類似的挑戰。

很多人都是在身體健康出現警訊的時候，才能深刻體會到「固定休息」的重要性。在家工作的全職遠距工作者，也會出現工作時間加長，和私人生活界限模糊的問題，尤其是工作時間加長，就會占用到休息的時間。在家工作為了避免一開始工作就忘記休息，我的建議是：

- 為自己設置每日固定的作息時間，並保證充足的睡眠，而且休息時儘量把工作丟開，讓自己完全地放鬆。
- 在工作流程裡，也要設定固定、短暫的休息時間，例如每工作六十分鐘左右，要起來活動五到十分鐘，除了讓眼睛休息一下，身體也可略作伸展。

這樣做真的會提升效率嗎？答案是：當然會。因為設置每日固定的作息時間，身體和精神狀態都會變得更好，在工作當中有短暫的休息時間，更能讓頭腦清楚、思緒清晰，做各項事務都大大提升了效率。

六、養成規律的運動習慣

運動不僅能讓人保持年輕，最重要的是能讓人保持健康。遠距工作族，尤其是在家工作居多的人，很容易就忽略了規律的運動。別說運動，很有可能在家裡一整天，都沒有什麼活動，久而久之就會出現很多健康方面的問題。經常運動的人，體力、意志力及專注力都會比較好，工作效率也更高。

根據研究指出，養成規律的運動習慣，人體的血液及腦脊髓液都會加速流動，不僅能提升專注力，對於工作任務也能夠達到最佳表現。此外，規律的運動能夠使腦部血氧量增加，除了可短期強化身體機能，隨年紀增長還能改善記憶力，長期下來還能提升工作生產力。

另外，規律的運動還會讓身體釋出「血清素」，而血清素素有「快樂荷爾蒙」之稱，能幫助我們放鬆、擁有好心情，讓我們不容易產生沮喪或是焦慮。

以我自己為例，有沒有運動，身體和精神狀態真的是天差地別。對於遠距工作的效率提升有顯著的影響。

- 有規律的運動：身體健康、睡眠良好、精神奕奕，工作起來不容易覺得累，處理事務效率高而且準確度高，最重要的是每天心情都很愉悅開朗。

- 沒有規律的運動：抵抗力差，容易有小感冒，對天氣變化敏感，睡眠品質較差，常常容易累，總是睡不飽，情緒起伏大，有時候會有很強的焦慮感。

「沒有了健康，賺再多錢也無福消受。」

我在每週的生活排程裡，有四天規律的運動時間，如：跑步、快走、重訓、瑜伽、游泳……等，其實不管你做什麼運動，只要有規律、是你喜歡的又能夠長期持續的，就是好運動。

七、創建適合自己的 SOP

所謂的 SOP（Standard Operating Procedure）就是標準作業程式，不管是公司還是個人，在工作上，都需要建立起適合的 SOP，才能確保效率。而遠距工作者，因為時常都是獨立作業，必須創建一套適合自己工作的 SOP，才能保證高工作效率。

我的工作需要做很多的行銷企劃案，並且帶領團隊執行案子，以行銷企劃案的執行來說，我建立的 SOP 如下：

行銷專案執行的 SOP

步驟	階段	任務
第一步	前期準備	確定任務和公司目標
第二步		背景調查
第三步		SWOT 分析
第四步		相關案例研究
第五步		關鍵字調查
第六步	團隊討論	分析前次行銷企劃案成果
第七步		和團隊成員腦力激盪
第八步		確認行銷目標與策略
第九步		預算評估
第十步		主訊息和主視覺方向
第十一步		預期成果推測
第十二步	主管確認	完成行銷企劃案初稿
第十三步		取得主管的回饋和同意
第十四步		更新行銷企劃案（盡量在 3 次修改內完稿）
第十五步		行銷企劃案盡量定稿
第十六步	執行案子	依據最終稿分配團隊工作細項
第十七步		確認工作事項最後期限
第十八步	按時追蹤	定期追蹤團隊工作進度
第十九步		定期監測行銷資料
第二十步	報告分析	最終報告和評量

依據每個工作任務而做調整，有時候幾步就可以做完，有時候也可能要加入更多的細節，但是這個詳細的 SOP 可以幫助我不會因為忘記了某個步驟，而需要再回到前面幾步重新開始，這樣就可以提升整體效率。

建議大家可以依據自己的工作性質，以及最主要的工作內容來建立適合自己的 SOP，這樣一定會幫助你在工作上提升效率。

八、設置每年的長期休假

你一定聽過「Work hard, Play hard」，也就是提醒我們，努力工作的同時，也要努力的去玩耍。對於遠距工作者來說，很多人都是在家工作，工作和休閒的場合在同一個地方。如果是自由職業者，不像是一般公司員工會有固定的假期，所以，為自己每年安排長期的休假，是保持工作動力和效率的關鍵之一。

這裡所說的「長期」，是指超過一般周休二日的時間，還有「每年安排」的意思就是，不管你是不是在公司的體制下，都要在一年當中安排適當的休假。

非常建議每位遠距工作者，尤其是自由工作者，在一段高強度的工作之後，給自己安排幾天的假期，甚至可以放一個星期的假，而在這段時間內，請不要輕易地開啟工作模式，徹底休息。

在這樣的休假時段裡，有些人迫不及待地去旅行、健身、學新的東西，而有些人則選擇跟家人朋友聚會，還有些特別宅的人只想在家中耍廢，睡覺睡到自然醒。其實不管是怎麼樣的方式來休假都無妨，但是安排每年一段長期的休假絕對是必要的。

人的工作承受力就像橡皮筋一樣，在長期工作壓力下，身心也一直處於緊繃狀態，需要能夠完全放鬆的時間，才有可能恢復彈性。而且這個放鬆的時間一定不能太短，不然不足以恢復到最好的狀態。

安排每年的長期休假也是一種自我獎勵機制，無論是在公司裡進行遠距工作，還是自由職業者，或是自媒體經營者，在拼命工作後得到了很好的成果，然後再安排一個比較長的假期，從心理層面來說，就會覺得「I deserve it!」我值得這樣的假期來好好寵愛辛苦工作的自己。反推到工作上，就會因為有這樣的假期安排而更加努力工作，提高工作的效率。

九、參加定期的社交活動

社交是人類的天性，有些人可能很宅，社交圈很小，但是他／她也絕對不是一個人。

對每個個體來說，雖然社交的需求程度不盡相同，但是社交對於每個人來說都是非常重要的。隨著科技的進步和發展，再加上網際網路的普及，以及社群媒體爆發式的在人群中蔓延，我們的社交活動也產生了很大的變化。在進行遠距工作的同時，參加定期的社交活動，是提升「幸福感」降低「孤獨感」很重要的方法。

有一個很受歡迎的 TED 演講，演講者是哈佛大學的教授羅伯・沃丁格（Robert Waldinger），他說：「良好的關係，不僅能讓我們更幸福，而且會更健康。」在他的演講裡分享了一個哈佛大學所做的實驗，在歷經七十五年，追蹤七百四十二名受測者發現，在一定的經濟基礎下，社交是提升幸福感的最重要手段，甚至比金錢和名利更加重要。

所以，**即便是獨立作業能力非常突出的遠距工作者，也是需要社交活動的**。其實我想從人類演化的角度來說，可能是世界一直都太殘酷，每個個人又太過弱小，如果我們不「抱團取暖」就很難生存下去，這樣的需求在每個人的 DNA 裡都有。本來我們已經很習慣辦公室的群體生活，現在要適應遠距工作的個體生活，在如何保持社交能力方面，的確是很挑戰的。

宅男宅女們可能會說，我不需要呀！我可以一週都宅在家，不和任何人見面都可以。以下便請你仔細想想，看看你是否符合了其中幾項？如果有，你還是有很強烈的社交需求的。

- 一個人工作一段時間後會感到孤單
- 一個人工作一段時間後會想念聚會
- 希望有個人可以一起喝杯咖啡
- 希望有歸屬感，能加入群體
- 希望被認可、被接納、被鼓勵
- 希望在遇到困難時可以得到幫助
- 希望在悲傷難過時可以獲得安慰
- 想要有人支持你的夢想
- 想要有人支持你的工作
- 快樂的事情可以和人分享
- 悲傷的事情需要找人傾訴
- 想和除了自己以外的人吃一頓午飯

我的建議是，遠距工作者需要參加定期的社交活動，這個定期，可以依照自己的喜好來制定，但是不管是每週，或是偶爾，接觸社交場合都是必要的，人總不能百分之百的時間都活在社群媒體上或是線上通訊軟體裡。

- 和朋友們約吃飯
- 和同事們一起打球
- 參加實體演講
- 和家人聚會
- 上實體的課程
- 上健身房團體課程

……以上，都可以。而且你會發現，從虛擬世界裡面走出來，在面對面的溝通和互動中，我們心情會變好，並且迅速地降低遠距工作中的孤獨感，讓我們再回到獨立作業時的情緒不會感到焦慮或沮喪，進而也能幫助提升我們的情商，學習更多與人相處的能力。

十、懂得辨別是否外包和自動化

想要成功遠距工作，尤其是自由職業者，學習如何巧妙運用「他人的力量」，把自己的工作外包出去是必須的。有一個好朋友你一定要認識，那就是OPT（Other People's Time）。

每個人最重要的資產不是你賺了多少錢，而是你如何運用你的時間，不管家庭背景、文化背景、貧富貴賤，每個人一天只有二十四小時，這是絕對公平的，而且每個人的精力有限，你能夠完成的事情也有限，想要提升工作效率、增加產出，進而得到更大的回報，運用他人的時間就勢在必行。

一人公司、自媒體品牌經營者更是要思考，如何讓自己的工作能量最大化，不僅提升工作效率，也能換來更大的報酬。例如郵件自動化、行銷自動化、資料自動化……等。有很多自由職業者會覺得，我自己可以做，為何要花錢給人家做？其實，把你工作的部分分包出去給其他人做，花一點小錢，換來的是你有更多的時間，做更多的工作，有更大的回報，獲得更大的財富。

我自己本身很喜歡使用紙本的「跨年曆」來計畫工作和生活，因為跨年曆可以更好的立足現在，展望未來。在全職遠距工作以後，我更加發現跨年曆的好處。例如現在我的筆記本就是2020／2021，從今年的八月到明年的七月，每週的行程可以在雙頁中一目瞭然，而且多了手寫的環節讓我覺得更真實。只是這本跨年曆是禁止放到臥室的，在安排主要的工作區域後，我也會儘量保證把休息區域的干擾降到最低。

建構專屬的社群媒體生態圈

「你最常使用的社群媒體平台是什麼？為什麼最常使用這個平台？」April 問我。

「和家人朋友溝通用 Line 和 WeChat，做自媒體是 FB 和 IG。」我簡單和她分享我使用的社群媒體。

「那你知不知道遠距工作圈的人最喜歡用什麼社群媒體？」April 繼續問道。

「我覺得對於遠距工作者來說，最喜歡用什麼社群媒體因人而異，喜好不會和有沒有遠距工作直接產生影響，但是我覺得遠距工作者需要建構專屬自己的社群媒體生態圈。」我說出我的看法。

「為什麼呢？什麼才叫做專屬的社群媒體生態圈呢？」June 也加入問問題的行列。

「因為根據我的經驗，建構起屬於自己的社群媒體生態圈，會讓吸引力法則幫助你，讓遠距力大增 N 倍，因為你是從專業和熱情中，去找到你的遠距工作的節奏和利基」我認真的說道。

從培養自己的遠距力，然後開始嘗試遠距工作，並且在遠距工作圈裡面玩轉的如魚得水，那麼建構屬於自己的社群媒體生態圈是很重要的，而且絕對會大加分。我想大家都會很好奇，什麼是社群媒體生態圈？其實白話來說，就是從現今最普及的社群媒體平台中，選取自己要經營的、開始經營，然後把這些平台都互相結合起來。聽起來好像很簡單對不對？其實真的要做到，比你想像的困難。

你有沒有正確使用 LinkedIn？

疫情迫使全球大多數企業開啟遠距辦公模式，以往常態的面對面招聘活動大大的受限。很多求職者找工作之路障礙重重，Email 打開來都是婉拒的信件，或是申請的工作卻石沉大海，本來嚮往的公司工作機會也斷崖式大減，到底該怎麼辦？其實，今年是遠距工作暴增的一年，除了原本的遠距工作外，很多本來不是遠距工作的職務也因為疫情而轉為遠距，許多遠距工作職缺平台（詳見本書第六篇第五章）都在大量釋出職缺，而全球最大的、專門為專業商務人士所建立的職業社交網路平台 LinkedIn，也是很多人資和獵頭出沒的地方。說到這裡，我想很多人會反駁我說，從來沒有在 LinkedIn 上面找到任何工作機會，更別說是遠距工作機會了。如果是這樣的話，我想說，其實你真的不會用 LinkedIn。

LinkedIn 平台在全球一共有四億五千萬用戶，是全球最大媒合職場人士的社交平台。根據調查，大概六十%的工作機會是通過介紹進入企業的，而很多公司和獵頭也都把招聘的方向和重心放到了 LinkedIn 這個平台上。

或許 LinkedIn 對於本土的工作機會相對來說占比不是那麼重，但是對於尋找海外人才及外商人才是非常重要的。

對於遠距工作來說，人資和獵頭在 LinkedIn 上打破地域限制去尋找人才也越來越夯。關於 LinkedIn，有幾件你應該要知道的事：

- LinkedIn 是全世界最大的職業社交網路平台。
- 超過八十五%的獵頭會通過 LinkedIn 精準聯絡想要找的人才。
- 許多雇主會在求職者申請工作時，要求提供 LinkedIn 個人連結。
- LinkedIn 的用戶幾乎涵蓋了各大公司的高級管理層，HR 負責人以及大量的獵頭，和這些人建立聯繫僅僅只需要按下「connect」鍵。
- 據統計七十五%的 LinkedIn 求職者都不會主動與人建立聯繫。
- 超過四億的用戶註冊數，只有接近一半的用戶擁有完整的 LinkedIn 社交頁面。

- 超過四億的用戶註冊數，只有接近一半的用戶活躍於這個平台。
- 而這些活躍用戶中四十四%年薪均超過美金七萬五千元。
- 遠距工作職缺和遠距工作獵頭都在 LinkedIn 這個平台上。

使用 LinkedIn 帳號，人資和獵頭和你看的重點不一樣

- 人資姐姐和你說實話：沒有專業形象照（Profile Photo）的 LinkedIn 用戶不會出現在我考慮的招聘範圍內。
- 獵頭哥哥和你說悄悄話：一個毫無重點的簡介（Profile Summary）會立刻澆滅我回覆這個求職者的欲望。
- Joyce 經驗談，常常輸入「遠距工作、working remotely、remote work……」等關鍵字，會有意想不到的收穫。

以下三個步驟，讓你的 LinkedIn 帳號迅速吸引人資和獵頭的目光

步驟 1：讓自己的 LinkedIn 帳號看起來專業而且顏值高

首先，你需要有一張看起來是專業人士的頭像，照片儘量是專業的、商務類形象照。再來，自己的主頁簡歷要寫的清楚明白。最基本的有：你目前的工作是什麼，工作內容是什麼，在什麼職業領域，你擁有什麼工作能力，都要清楚的標識出來，這些都會提高 HR 和獵頭的關注度，及主動加你的機率。

步驟 2：LinkedIn 帳號必須長期維護和經營

如果你以為 LinkedIn 帳號建立了就大功告成，那真的非常可惜，因為請你記住，這個平台是個社交平台，如果你沒有任何更新或和其他帳號互動，那麼人資和獵頭關注你的機率也會降低。除了定期更新自己的簡歷和動態之外，也可以分享職場類文章，或把自己的行業相關的作品，直接發布在 LinkedIn 上。另外，也可以到你所追蹤的帳號去留言和評論，這些都會出現在動態裡。你的連絡人的生日、入職新公司、發布新動態，你都可以點讚、評論和轉發，也鼓勵大家勇敢利用私信。如果你有自己其他的社交媒體平台，也要記得分享。作為職場社交的重要平台，LinkedIn 值得你的投入，你永遠不會知道，下一個找到你的，是不是你心中夢想的遠距工作。

步驟 3：主動出擊和人資、獵頭 Connect

滑手機是現代人天天都會做的事情，你何不在碎片化的時間裡面，花很少的功夫，來主動連絡人資和獵頭呢？雖然他們可能不會回覆你，但是長期經營下去，早晚你會看到回報的。某年某月的某一天，你主動聯繫某個人資或獵頭，在 LinkedIn 上互加好友，因為你的這些動作，你的辨識度就會高一些。

即便在疫情期間，我依然在 LinkedIn 上收到很多獵頭或是人資的私信邀約，有很多遠距工作的機會，其中一個工作機會是澳洲著名地產開發商的市場總監的職務，另外一個是加拿大的投資公司的社群管理主管的職務。有耕耘才有收穫，趕緊用心經營這個全世界最大的職業社交網路平台吧！

什麼都要，什麼都要不到

每個人的時間和精力有限，如果在建構專屬自己的社群媒體生態圈時，什麼平台都想要，其實這是注定失敗的。所以，只要找到適合自己的社群媒體平台就可以了。只是大大小小和不同的受眾這麼多的社群媒體，怎麼找到適合的平台？又怎麼可能全部都經營呢？

什麼是「適合」自己的社群媒體平台？

參考許多文章和資訊分析，其實我覺得找到對自己來說合適的平台不是什麼太困難的事情，只要注意三件事：一、**自己熟悉，運用起來容易，不太需要花很多時間來操作的**；二、**扣住自己的內容主題去配對適合的平台**；三、**透過這些平台把你的內容傳播出去，可以擴大溝通能力**。

但是切記，千萬別看到別人「多平台」經營，你也想要全部都來，其實，從一、二個平台開始經營就非常足夠了。等到經營的比較穩定之後，可以再考慮擴展到其他的社群媒體平台。

以我自己為例，我有規律的經營自媒體其實只有一年多，在二〇一九年六月底，從澳洲昆士蘭凱恩斯搬到澳洲首都坎培拉之

2020 全球社群媒體使用概況

（JUL 2020 Social Media Use Around The World）

- 現有社群媒體使用者總數 ／ **39.6 億**
- 社群媒體的滲透率（使用者 / 總人口）／ **51%**
- 社群媒體使用者年成長率 ／ **10.5%**
- 透過手機使用社群媒體的使用者總數 ／ **39.1 億**
- 透過手機使用社群媒體的使用者比率 ／ **99%**

後，才重新整理思緒和方向，再度開始經營我的臉書粉絲專頁，同時也做了很多調整，之前對於自媒體的經營並沒有太多整體性的思考，當然，也沒有考慮到遠距工作。

雖然我的臉書粉絲專頁是二〇一六年就開設，我也一直秉持親自回覆粉絲的留言和私訊的態度，在短短幾年中，回覆了近千個問題，但是我真正開始把自媒體當成副業來經營是在二〇一九年六月，而從年八月起，也就是認真經營後的二個月，我的文章開始為我帶來收益，也開始有很多中外媒體的合作機會。我開始強烈感受到前所未有的成就感，以及「哦！原來我的內容真的可以觸及到很多人」的感覺。所以其實往回看，當努力經營的方向和方法對了，很快就會開始有成果的，也因為這樣認真經營副業的計畫和執行，我也開始踏入了遠距工作圈的社群媒體運用。

二〇二〇年六月，我自己架設了自己的網站上線，還有我的 Podcast 節目也開播，之後出書、開課程的行程一直安排到明年，還有定期的媒體採訪與合作，而我的社群媒體（最主要是臉書，其次是IG，當然還有 LinkedIn）也成為我遠距工作的推手。單算近三個月，我就在社群媒體的平台上獲得了三次遠距工作的機會。經過這麼長時間的摸索和嘗試，終於，我找到了屬於自己的專屬社群媒體生態圈以及自媒體經營模式，一路從不知所措到興趣，然後變成副業與睡後收入。只要找到適合自己的平台和節奏，這一切其實不難。

建構專屬的社群媒體生態圈，是一場超級馬拉松

比起許多人在自媒體經營的資歷，我的資歷不僅很淺，而且我覺得我仍是一個「探路者」，或是「實驗者」。一直有很多粉絲的私訊，詢問關於建構專屬的社群媒體生態圈以及自媒體經營的問題，他們有些人是已經開始經營自媒體，有些則是希望未來踏上這條路的人。以下五個經營社群媒體生態圈的祕訣，是我這一路上體會出來的心得，希望能提供一些思考方向和策略，為正在努力經營自媒體的朋友們帶來一些幫助。

1、不是要你跑得快，而是要你跑得久

如果你下定決心要建構專屬的社群媒體生態圈以及經營自媒體，而且是要朝營利的方向經營，那麼請你一定要先檢查你有沒有強大的耐心、毅力、恒心。如果沒有，請立刻開始培養。不管你的自媒體是什麼主題，在什麼平台上，社群媒體帳號的粉絲數量、部落格的流覽量、網站的流量……都是要累積人氣、培養粉絲和讀者的信任感，這些都不是在短時間內可以達成的。

就算你有一夕爆紅的爆款文章或是影片，之後要如何維持也是一樣的挑戰。如果你的目標是自媒體會為你帶來收入，而且是穩定的收入，甚至足夠讓你辭去朝九晚五的正

職工作，那麼你必須先給自己十二到十八個月的時間做累積和測試，並且做好長期抗戰的心理準備。

你可以先做三個月的計畫，前三個月每週發文三次，或是每週一個音頻節目，或是每週一個影片……不管是什麼內容產出，一字一句的耕耘，一篇又一篇文章的累積，一個又一個視頻的上傳。經營自媒體，就像跑超級馬拉松一樣，超過42K後，你會發現身邊的跑者已經剩沒幾個了。

2、找到自己的不一樣，是重中之重

內容定位：很長的時間以來，我常常陷入不知道如何定位內容的窘境，總是覺得有很多種類的內容我都可以分享，但是抓不到一個核心，更露骨的說，是找不到自己的特點和不一樣之處。

經過漫長的摸索和觀察，其實，做自媒體最主要的，就是要發揮自身的專業、經驗和優勢，如果選擇的領域僅僅是「喜歡」或是覺得「很酷」，堅持下去會是困難的。因為缺乏專業作為支撐，在這個領域不具備突出的競爭優勢，很容易就被市場淘汰。想要在激烈的自媒體競爭中脫穎而出，就得做到找到自己最擅長的領域，並且找到自己最不一樣的閃光點，這樣不但能精準培養粉絲群，建立信任感，更能發展出適合的產品和服務，達成獲利。

功能定位：我到底為什麼要做自媒體？我的初衷是什麼？我能給我的追蹤者帶來什麼實質性的幫助？

大部分的人做自媒體是為了一個字：錢（原諒我這麼直白）。但是很現實的情況是，如果你做自媒體的唯一目的是錢，那你的粉絲也是知道的，試問：你和粉絲之間沒有建立起良好的信任感，那他們為什麼要相信你的內容？如果你的內容產出沒有辦法給粉絲帶來實質性的幫助，那他們為什麼要在你身上花錢呢？

我非常贊成「知識變現」，也覺得基於專業而獲利是值得鼓勵的，而許許多多成功經營自媒體的人，都達到了（重點來了）：以知識為依託。這個知識泛指你可以提供給粉絲，且對他們有實質幫助的服務或產品。所以你要從自己的熱情、專業、自己擅長的事情、自己的才能和技術出發，找到自己和其他個人品牌的不一樣，才能夠明確定位。

3、粉絲數量不是唯一的追求，建立信任感才重要

過於著重追求粉絲的數量其實是沒有太大意義的，我們講的實際一些，如果你願意花錢買粉絲，要多少有多少，可是這樣買來的數字有多大用處呢？對於追蹤你的人，他們對你的內容是有期待的，如果他們發私訊給你、寫 email 給你、在你的文字下面留言、

轉發在他們的社群媒體帳號上……這些都是你的粉絲們在和你真實的互動，也就是代表你的內容可以和他們產生共鳴，而且對你的內容和你這個人有信任感，這才是經營自媒體的關鍵所在。

4、建立你的獲利模式

自媒體的獲利方式很多元，只要你堅持不懈地經營，一定可以一步步找到適合自己的獲利模式。這裡整理一些常見的方式，給大家參考：

1、銷售自己的產品
2、銷售自己的服務
3、業配文
4、提供某種服務
5、代購
6、廣告收入
7、聯盟行銷
8、出版 & 版權

社群生態圈完整串聯和迴圈，讓它二十四小時都為你工作

當台灣 Facebook 使用者已經突破一千八百萬，近九成的美國專業行銷人員使用 Facebook，全世界有近百萬個商業頁面，社群媒體不再只是人們獲取資訊、和自己的朋友圈溝通、討論生活現況、聊八卦、抒發情緒的管道，眾多的社群媒體早就自成一個生態圈，如果你可以選擇適合自己的社群媒體平台，建構專屬的社群媒體生態圈，創造生態圈內迴圈，便能幫助你做到以下幾件事情：

- **個人品牌**（Personal Brand）：你在社群媒體上產出的內容，就代表你的個人品牌，進而擁有個人影響力。個人影響力就會再激發出個人品牌的更大效應，使影響力不斷的加成累積。
- **社群客戶關係管理**（Social CRM）：由社群媒體平台上慢慢累積的粉絲，都要進行關係管理，你可以使用客戶管理的方式，來建立個人品牌與粉絲的情感連結。
- **社群商務**（Social Commerce）：如果經營社群媒體平台的終極目的是盈利，那與個人品牌的互動和轉化率要增值，讓社群可以直接連上電子商務，建立銷售通路。

・**社群洞察（Consumer Insight）**：透過聆聽、調查和互動，瞭解粉絲以及他們的喜好、行為及需求，提供可以實際上回饋他們的產品或服務。這些回饋會產生各式各樣的資訊與數字，先整合分析，再重複社群聆聽的動作，即可建立生態系。

擁有專屬的社群媒體生態圈後，你的個人品牌和社群經營就能形成體系和內迴圈，讓資訊整合，結構更完整。從外部來說，粉絲和人脈圈也能獲得更多關於你個人品牌的優質內容，知道如何和你以及你的個人品牌互動。

如果我告訴你，有一個遠距工作，是每週工作不超過十小時，即可獲得一千美金的報酬，你相信嗎？如果我再告訴你，這個工作是從社群媒體平台上自己找上門來的，你相信嗎？這就是建構專屬的社群媒體生態圈的威力。另外，很多專業的遠距工作平台，例如 We Work Remotely 以及 Contra 都有自己的 Slack 社群，讓世界各地的遠距工作者都可以在上面互相交流，獲得更多的工作機會以及個人品牌發展的可能。

遠距工作的情緒管理

疫情之後，我和幾個閨蜜只能在線上相聚，也都開始經歷不同程度的遠距工作。有一天我們在 WhatsApp 上約見面聊近況。

「我們家的網路超級不穩定的，每次進行線上視訊會議的時候都好像是玩俄羅斯輪盤一樣，不知道哪天就不行了，每次只要有會議我就很焦躁。」住在澳洲黃金海岸郊區的朋友 Harper 對我們抱怨。

「這真的是很難避免的，有的時候線上 Hello 了半天，或者是已經講了一大串才發現掉線了，不過我這邊網路算是穩定，出現狀況的時候不太多，但是我非常想念跟同事之間的互動，例如一起出去喝杯咖啡聊聊八卦，有時候會有一些莫名其妙的小沮喪，生活缺乏動力。」目前在美國西雅圖的 Evelyny 和我們分享。

「我現在是覺得生活跟工作完全分不清楚了，大部分的時間都在家裡工作，即便我還是有規律性的運動，但是我覺得自己變胖了，情緒起伏也很大，很容易就不開心。」在南韓首爾的 Scarlett 鬱悶的說著。

以下看起來像是非常美好的遠距工作狀態，不僅是我目前的工作模式，同時也變成了我的生活狀態。我想有非常多人都非常嚮往每天可以在家裡工作，省去通勤的時間，也省下通勤的費用，在自己最熟悉、最舒適的環境裡，享受自由自在的工作方式，這樣美好的狀態，在疫情之前，是許許多多人夢寐以求的。

然而，即便是高段位宅男宅女，人依舊是群居的動物，我們都需要人與人的互動才能保持身心健康。當我的完全遠距工作進行到第六個月的時候，這種本來讓我非常心滿意足的工作模式，也開始讓我的情緒起伏變得難以捉摸。

和遠距工作的朋友們交換彼此的實際經歷，大家貌似都出現了因為少進辦公室工

遠距工作一天的開始（理想狀態）

7.00am 起床之後先做伸展瑜伽。

7.30am 吃一頓健康美味的早餐，因為不用通勤上班，可以更從容的享受早晨的時光。

8.00am 輕鬆舒適的在家中規劃出來的工作空間，素顏便裝，聽著我喜歡的輕音樂，繼續喝著早餐還沒喝完的咖啡，開始我一天的遠距工作。

作，而使實體作息產生了變化，以及對我們心理產生了影響和衝擊。尤其在原本認定為生活、休息、耍廢的家庭空間，如今也變成了工作空間，很容易有一種雖然下班時間到了，仍舊沒有離開工作的感覺，久而久之，心情上便難以放鬆，大腦也很難區分現在到底是工作還是休息，倦怠感會增加。另外，因為大部分的遠距工作者的工作場合是在家裡，缺乏生活上不同刺激，不面對人群的機率提高，孤獨感也隨之升高。

以我自己為例，以下是我完全遠距工作之後，依據近六個月以來的情緒起伏而製作的「情緒起伏變化表」[1]。遠距工作以後的你，情緒管理是不是變得更加的困難？挑戰更多了？

註1　這個表格是在 Medium 上面看到一個作者 Karen Chiu 分享的，來源：Lluisa Iborra, Egon Låstad, 2019，真的給我很大的觸動和感同身受。

情緒起伏變化表

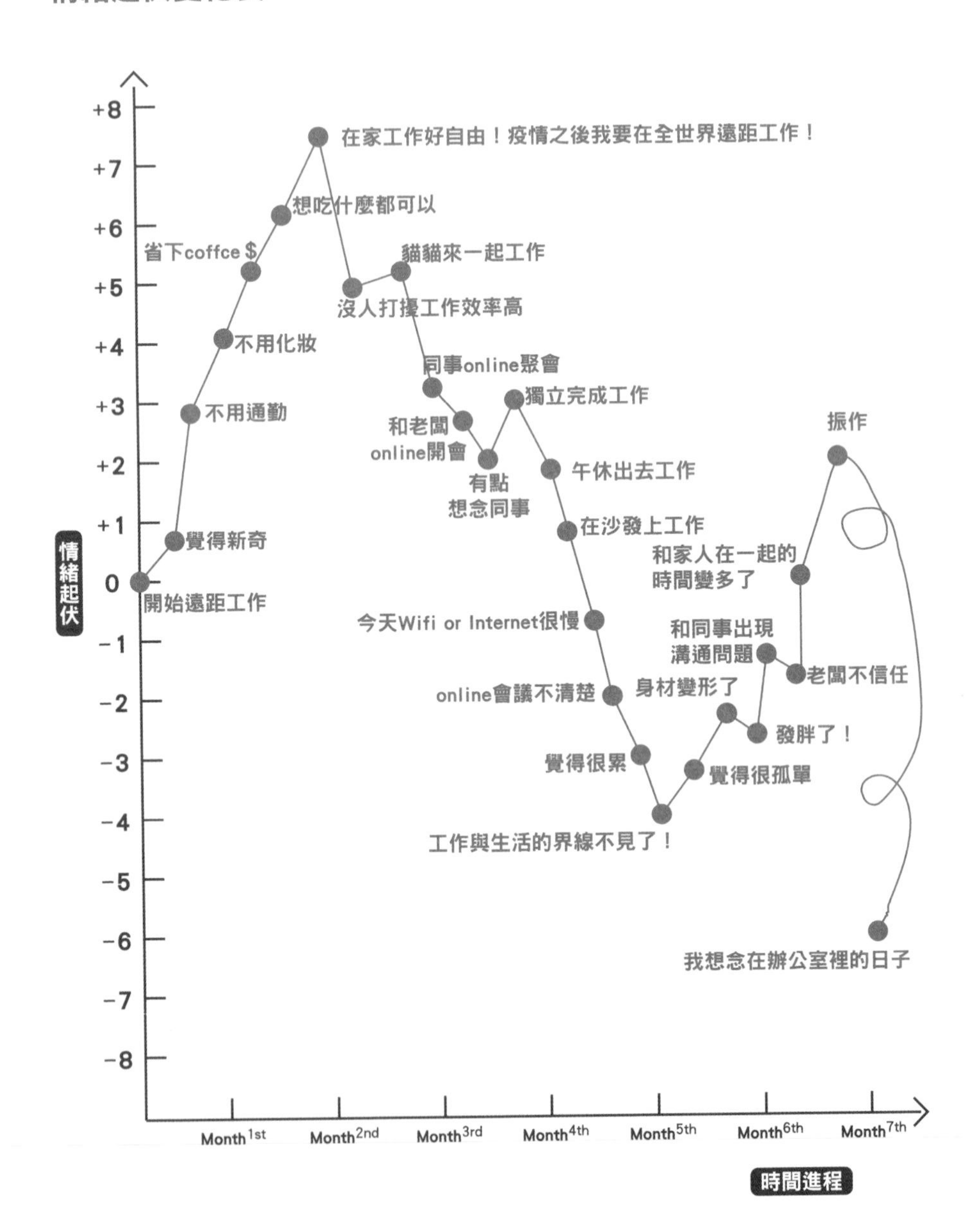
+8
+7
+6
+5
+4
+3
+2
+1
0
-1
-2
-3
-4
-5
-6
-7
-8
情緒起伏
開始遠距工作
覺得新奇
不用通勤
不用化妝
省下coffce $
想吃什麼都可以
在家工作好自由！疫情之後我要在全世界遠距工作！
沒人打擾工作效率高
貓貓來一起工作
同事online聚會
和老闆
online開會
有點
想念同事
獨立完成工作
午休出去工作
在沙發上工作
今天Wifi or Internet很慢
online會議不清楚
覺得很累
工作與生活的界線不見了！
覺得很孤單
身材變形了
發胖了！
和同事出現
溝通問題
老闆不信任
和家人在一起的
時間變多了
振作
我想念在辦公室裡的日子
Month 1st
Month 2nd
Month 3rd
Month 4th
Month 5th
Month 6th
Month 7th
時間進程

在新冠肺炎疫情之前與之後的遠距工作，有很多不一樣的地方。許多國家在新冠肺炎肆虐下，開始封城限制人們的日常生活，所以很多在家工作的人，是處於「被困」在家中，生活和工作範圍受到侷限，這都可能引起個人情緒不穩定；也有很多人因為與家人或是伴侶每天相處的時間大增，衝突與爭吵變多，也會造成情緒波動。許多醫生指出，在疫情之下，由於長期缺乏外界刺激，生活的空間僅限於家裡，現在每個月因為焦慮、孤獨、憂鬱……而求診人數也暴增了。

根據專家分析，請檢視遠距工作的你，中了幾項？

- 情緒波動大，易怒、易悲傷。
- 容易悶悶不樂，但是說不出具體的原因。
- 食不知味、食慾下降，或是食慾時高時低。
- 過去喜歡做的事情現在興趣下降。
- 覺得做什麼都不太起勁。
- 覺得社交能力下降。

以下和大家分享，如何在遠距工作中，做好自己的情緒管理：

1、建立規律的生活作息，保持固定的運動

依據自己的習慣和興趣，找出對自己來說有趣的、容易執行的運動，這樣不但可以維持身體健康，更可以協助情緒管理。此外，三餐盡量準時、健康飲食、睡眠充足……都可以幫助穩定心情。

2、注意觀察自己是否變得不積極

通常你會感知到自己的情緒起伏，其中一個很明顯的警訊，就是你可以感受到自己情緒低落，對很多事情提不起勁。認真觀察自己是否在工作跟生活當中變得不積極，如果有的話，應該立即正視自己的情緒。

3、清楚劃分工作和休息時間

遠距工作，尤其是在家裡工作的時候，許多人都會面臨無法清楚劃分工作和生活的界限，有些人甚至會陷入無限制OT（Working Overtime）的狀況而無法自拔。這樣的情況，也會影響情緒的起伏。所以要慎重安排每日的工作時間，且在固定的時間，提醒自

己結束工作。

4、工作的時候每隔一段時間需要休息片刻

遠距工作，尤其是在家工作，常會因為是熟悉的、舒適的環境，反而忘了在工作時每隔一段時間需要休息片刻。建議每工作一個小時左右，稍微休息五分鐘，做一做伸展拉筋，或者是起來走一走，這些都有助於放鬆工作中緊繃的情緒，維持情緒穩定。

5、適時尋求幫助和支持

如果你開始發現自己在遠距工作中的情緒起伏變化非常大，甚至開始時常覺得沮喪、憂鬱、焦慮……等，請你一定要適時的尋求幫助。或許是跟家人朋友聊一聊目前的狀況，或許是跟同事互相分享在遠距工作中遇到的狀況，也或許是尋求專業人士的協助。請記住，遠距工作的形態需要時間去適應，尤其因為疫情的關係而被迫遠距工作的狀況，更面臨很大的挑戰，此時情緒管理就變得更為重要了。

對許多人來說，心情良好、感覺正面積極的時候，工作表現也會比較好。而處於負面情緒，或是情緒起伏大的時候，不僅會讓人感到力不從心，也可能會造成人際關係的

衝突增加，工作表現也會出現效率降低，或是無法專注的情況。當然還有很重要的一點就是，每一個人在生活與工作當中，總是充滿起起落落的不同情緒，每一個情緒的產生都有它的理由，我們要做的是去瞭解它，進而能夠更好的管理它。

情緒管理真的相當重要，除了自己能保持心情愉悅，也能滋養人際關係。好好的觀察自己在一天遠距工作中，不同時間點的感受，情緒對自己有什麼影響，對於工作又有什麼影響。

PART 5

遠距工作難題破解祕笈

如何避免遠距工作失誤？遠距工作有效溝通的六大關鍵

遠距工作跟遠距戀愛一樣，其實面臨了多種挑戰，而其中溝通就是重中之重。想像一對情侶吵架，面對面溝通清楚，抱一下親一下，就迎刃而解，但是如果二個人分隔兩地，無法看到對方的表情、情緒，再加上時差作祟無法即時溝通，這個時候吵架就沒有這麼容易解決了。假想正在經營一段遠距戀愛，就不難想像遠距工作中溝通困難的感覺。此時便可利用各種線上平台和工具，向對方表達心意和思念（在遠距工作上表達想法和追蹤工作進度），繼續維持戀愛關係（在遠距工作上達成共同工作目標，完成任務）。

在辦公室的環境裡，有機會面對面的互動和溝通，能夠建立起彼此的互信和默契，工作的權責關係也很明確，工作上若有什麼失誤或誤解也可以隨時獲得答案，不至於讓失誤擴大。但是在遠距工作中，因為無法看到彼此，溝通中會出現的問題，會因為遠距而變得更加棘手。所以有人說，真正困難的並不在於「遠距工作」本身，而是團隊因為距離的隔閡，使得原本的管理問題變多而且擴大，尤其是在「溝通」這一個重要環節。

很多人可能會覺得遠距工作是因為疫情而發展出來的一種暫時性的替代方案，等到全球的疫情得到緩解，各國邊界重新開放，我們還是會回到以前的工作模式。只是，疫情或許會在未來的某一天得到緩解，各國邊界也總有重新開放的一天，但是，我們的工作模式卻不會回到過去，遠距工作雖然不會完全取代現有的工作模式，但是它只會持續發展，所以無論是公司或個人，都需要具備遠距工作的能力，以有效降低遠距工作中發生的溝通問題。

還有，遠距工作也和海外發展及國際工作息息相關。線上通訊工具和視訊軟體的普及化，使得遠距工作者即便生活在台灣，也可以爭取到國外公司的工作機會，而且形式多樣化，無論是以自由接案、數位遊牧，還是全職遠距工作、海外分公司的形式……；在未來，具備遠距工作能力的求職者，還可以為自己爭取到更佳的薪資報酬，並擁有更多的工作選擇。

不管是在疫情下，還是在後疫情時代，隨著線上視訊會議以及通訊協作軟體（Collaborative software）的普及，越來越多企業允許員工遠距工作，可以自由選擇工作地點，未來一定要進辦公室打卡上下班的工作和管理模式，將逐漸被取代。

遠距工作中的溝通問題很多，如果你問一百個遠距工作者，大概有九十個以上會經歷：

1、同一件工作事項，電子郵件來回二十個回合還沒解決。
2、線上會議超級多，且時間冗長讓人心累。
3、有多個通訊協作軟體及專案管理系統同時在使用，疲於應付。
4、無法看見對方來識別情緒或肢體語言，越說誤會越大，最後乾脆放棄溝通。
5、寫者無心，看者有意，文字訊息讓人誤解，導致不必要的誤會產生。
6、因為溝通不良而產生工作任務不明確，或是產生工作失誤。

遠距工作溝通無障礙

社群媒體平台Facebook、Twitter、網頁設計Automattic、線上管理平台GitHub、流覽器Mozilla Firefox、電商平台Amazon等公司，近年來提供員工可以在家工作的福利，疫情之後更是大幅增加遠距工作的職缺，直接透過筆電和其他電子產品，遠距溝通來完成工作，以下六大關鍵，讓遠距工作溝通無障礙。

1、建立一套遠距溝通SOP

在遠距離戀愛的時候，因為語義或是語氣而導致誤會的情況比比皆是，遠距工作也一樣。為了確保團隊在進行遠距工作的時候，可以順暢、有效溝通，團隊必須建立一套遠距溝通的SOP（標準作業程序）。這樣的SOP，不僅可以增進溝通的順暢度，也可以確保團隊的向心力以及工作進度。例如：電子信件必須在二十四至四十八小時內，以條列式的方式回覆，最好避免冗長的文字敘述；每次遠距會議要以文字或視頻記錄會議討論的內容，以便日後回顧和查詢。

2、選擇一種最適合的通訊協作軟體

很多公司或自由業者在遠距工作時，會利用通訊協作軟體來進行視訊會議。建議選擇一種最適合、最主要的通訊協作軟體即可，不要貪多，使用多種不同的通訊協作軟體反而會讓團隊無所適從。另外，在專案管理工具的選擇上也是一樣的，選擇一種最適合的軟體就可以了。例如我現在工作的團隊使用的主要通訊協作軟體為 Teams，而專案管理工具是 Asana。

3、盡量利用圖片來溝通，最好寫成流程而不使用大段文字

遠距工作的時候因為缺少了面對面的溝通機會，所以建議儘量利用圖片進行溝通，或是在溝通的時候利用大量圖片來輔助。若是能夠寫成條列式或流程圖的就儘量避免使用大段文字敘述，如果非得使用大量文字的話，請善用 SMART 原則：Specific（明確）、Measurable（可衡量）、Attainable（可達成）、Relevant（相關）、Time bound（時限），開門見山把最重要的核心先說明白。

4、善用線上會議來追蹤團隊進度並增進團隊工作默契

線上會議是遠距工作中溝通最有效的方式，所以在團隊中必須要建立起定期的線上

會議時間，主管以及團隊成員之間也需要有固定的追蹤會議，讓老闆可以知道員工目前的工作進度以及是否遇到困難，而員工也可以即時回報工作進度、溝通想法。很多時候一個專案需要團隊裡多位成員共同執行，管理者必須妥善利用線上會議來掌握整體的工作流程，除此之外，每一次的線上會議都可以是一次迷你版的團隊活動，在會議開始前的三到五分鐘，問候對方，聊聊近況，以非正式的方式來增進團隊之間的工作默契。

5、最大程度的將私人社群媒體和工作用社群媒體嚴格區分

遠距工作的溝通有效與否，本來就是一項很大的挑戰，如果不將社群媒體公私分明，會干擾你在工作中的專注度，也會降低溝通的有效性，有時候甚至會出現溝通對象錯誤，或是工作失誤的情況。建議在遠距工作進行時，將自己的私人社群媒體通知關閉，避免干擾工作進度，而使用的通訊協作軟體和專案管理工具，都應該只和工作相關。當然，對於自由職業者來說可能比較難做到，但是為了工作效率及溝通無礙，最好還是能儘量做到。

6、審慎挑選合適的遠距工作夥伴

遠距工作的最大的優點就是「自由」，而最大的擔憂則是「自律」和「自動自發」，

所以不管是公司在招募新人（工作夥伴）加入遠距團隊，還是自由職業者在挑選客戶或合作方（工作夥伴），針對工作夥伴的自律和自動自發的特質要詳細評估和考察。很多人可能又有疑問了，這和溝通又有什麼關係呢？對於自律性高，而且能夠自動自發工作的員工來說，也能積極主動溝通，能夠把工作中遇到的困難降到最低，但是對於缺乏這樣特質的人來說，溝通便是一個很大的挑戰。

以我自己本身的遠距工作經驗來說，「溝通」在遠距工作的範疇裡，的確是至關重要的，除了部分需要你獨立完成的工作之外，大部分的工作都需要團隊合作共同完成，即便你是自由職業者，也需要跟你的客戶以及合作方進行密切的溝通。我認為有效的溝通，還要不厭其煩的去確認細節、降低誤解的風險，如此也可以控制工作失誤的風險。

工作機密和資訊安全如何保障？遠距工作資安3×3大防護

「在家工作之後，因為資安考量，工作的電腦都需要雙重認證後才可以使用，覺得很麻煩，每次打開電腦都要花一些時間才可以開始工作。」Meggie 跟我們分享她遠距工作關於資安的體會。

「可以理解公司的規定，我的工作沒有辦法進行遠距工作，因為我們使用的系統只能在單位的固定電腦上才可以進行，主要也是因為資安問題。」Erika 說。

「今年疫情之後，我們轉成遠距工作，整個大學也變成虛擬大學，教學、行政、運營、招生、推廣……所有的工作都在線上進行。一開始的時候，我們在家裡使用電腦跟在辦公室使用電腦沒有什麼不同，後來大學的資訊部門推出了一系列的資安保護程式和規則，我們都要嚴格遵守。」我和他們分享我在遠距工作中對於資安方面的經歷。

在網路時代，大多數的人在工作上都需要高度倚賴電子產品和線上協作工具，而隨著對科技電子產品的依賴程度增加，網路資安問題也大幅提高。因為有越來越多人使用線上工具，運用網路來進行工作，某些不法分子便利用各種不同的騙術來獲取個資，以及受保護的資訊。

的確，遠距工作要如何確保資安是非常重要的。然而由於公司和自由職業者，為了在遠距工作的時候可以保持線上溝通順暢，資安的防護正在經歷前所未有的挑戰。以下，我們就分別從公司、員工、自由工作者三方面來說明和提醒，在遠距工作時如何安全使用網路，維護資訊安全。

給公司的資安防護建議

1、使用最新的軟體以及應用程式

使用最新版本的軟體及應用程式，可以更有效的對電子產品進行防護，公司的IT資訊技術部門要定期提醒、確保員工更新軟體及應用程式，這樣便能在工作的過程中避免駭客入侵或攻擊，而造成公司訊息和機密洩露的情況。

2、評估現有的資安程式和規則並定時調整和更新

公司需要建立一套資安程式和規則來因應遠距工作的需求，如果已經有這樣的一套程式和規則，仍需要定期評估、更新，並且依此來嚴密監控、維持公司資安。另外很重要的是，大部分公司開展遠距工作是因為疫情的緣故，所有過去因應在家工作的相關政策的設計難免過時，原先考量的在家工作方案可能著重在行動不便的員工，或是其他健康考量而需要在家工作的員工，不是為了團隊成員同時進行遠距工作，甚至是跨國遠距工作的情況，所以對於現有的資安程式和規則需要即時調整和更新。

3、採用多重驗證——如果你的公司還沒有採用這樣的驗證方式，要趕快改變了

一般情況下，員工使用帳號以及密碼來登入公司電腦、電子信箱和系統來工作，這樣的傳統方式，其實非常容易遭駭客入侵和攻擊。若是在經費和人力資源都許可的情況下，改以對員工帳號設定多重驗證程式（Multi-factor Authentication）是很關鍵的，這樣一來，需要至少有兩項驗證程式或使用者身分證明才能登入，如此便可以幫助公司建立對抗駭客入侵或是網路犯罪的第二道防線。雖然員工在登入工作時，可能會需要花更多的時間，但是為了資安，絕對是值得的。

給員工的資安防護建議

1、只使用安全的網路來進行工作

使用不安全的網路進行工作的時候，任何在網路上或是透過行動裝置分享的資訊，都有可能會被他人獲取。所以建議員工只使用安全的網路來進行工作。再加上使用公司指定的 VPN，在工作用的筆電（最好是公司提供的筆電），桌上型電腦使用企業專屬 VPN（虛擬私人網路）伺服器，進行員工與公司安全網路之間的連線，這樣一來可以更加確保員工遠距工作時的網路活動隱密性。

2、使用困難不易破解的密碼，並且定期更換

大部分的人常常為了使用方便，而在不同的系統上設定相同或相似的密碼，還有人甚至工作用和家用的密碼也是一樣的。其實，這是非常不安全的。因為這就意味著駭客或是不法分子只要盜取一組常用密碼，就能夠在好幾個系統上解鎖。雖然每個帳號都使用複雜的密碼很麻煩，但是卻更安全。所以建議可以設定幾組不同的、難破解的密碼，此外，定期更換密碼，對於資安防護也是很重要的。

3、不點擊、不回覆來源不明或可疑的電子信件及連結

對於任何來源不明，或是可疑的電子信件，絕對不點擊也不回覆，而且要立即回報給公司相關部門知曉。因為一旦點擊了，對方就能利用電子信件中的惡意程式來盜取個人或公司的資訊，危害資安。有時，駭客或是不法分子會假冒為認識的人來騙取資訊，所以我們要特別注意查核發送者的來源，如果不確定時，可以隨時和自己公司的IT資訊技術部門溝通確認。

給自由工作者的資安防護建議

1、從自家的路由器開始做好防護

許多自由職業者，在遠距工作的主要工作場所是在自己的家裡，這時候家裡的路由器就是保護資安的一道大門。路由器是家裡和網際網路連線的閘道裝置。駭客或是任何不肖攻擊者會利用使用者經常疏忽的一點來下手——從未變更的預設登入資訊，以此入侵家裡的路由器。建議使用複雜不容易破解的密碼，例如超過十二個字元，混用大小寫字母、數字以及特殊符號共同組成的密碼。

2、強化使用的密碼且定期更新

自由職業者很可能同時使用不同的線上工具來工作，而且不管你是經營部落格、網站、電商……都會使用流量大的平台，這些平台都會要求你註冊，而很多人在註冊帳號的時候都會使用自己常用的密碼，雖然方便記憶，但是卻對資安造成很大的威脅。建議可以使用複雜不容易破解的密碼，並要定期更新，也可以使用密碼管理程式，幫助自己在工作時，輕鬆管理多個系統、多個網站，以及不同帳戶、強度大的複雜密碼，如此一來才能夠有效防止隱私外泄。

3、防護智慧型手機，使用系統更新至最新版本

自由職業者使用智慧型手機來工作的機率非常大，確保手機將使用的所有軟體、系統更新至最新版本，並安裝安全修補程式，以降低惡意軟體感染的機率。另外，在二〇二〇年爆發新型冠狀疫情之下，假藉 COVID-19 網路釣魚趁火打劫的很多，自由工作者在下載任何軟體前要時時刻刻提高警覺，才能將資安風險降至最低。

擁有安全的遠距工作環境，至關重要，也需要慢慢建立。一個免受網路威脅的環境也並非一蹴可幾，不管是公司還是個人都需要適應的過程，而對於不熟悉遠距工作的人更是需要長時間來建立良好的工作習慣，安全使用電子產品，保證資安。以上「3×3

的資安防護建議」，可以協助公司、員工、自由職業者免於網路威脅，建立安全防護的遠距工作環境。

Joyce遠距工作悄悄話

開始遠距工作後，如果主要的工作地點是在家裡，要和家裡人好好聊聊網路安全的重要性，幫助你的家庭成員瞭解網際網路的公共性及潛在危險。提醒他們在設定和使用裝置時，務必做好安全防範，以確保線上活動的安全與私密性。

如何避免各種遠距圈的騙局？遠距工作不被騙的十大關鍵

「你知道嗎？最近呀，我在 LinkedIn 上有一個公司聯絡我關於一個文案的工作，而且薪水超高。本來聊得很開心，但是中途他們竟然向我收取入會費用，我覺得很奇怪，所以之後就沒有再跟他們聯絡了。」Jonathan 本來很開心的說著，也可以感受到他的警戒和小小不安。

「的確很奇怪，通常公司人資直接向感興趣的候選人連路，是不會收取任何費用的，是哪家公司？是你本來就認識的獵頭介紹的嗎？」我很好奇地問他。

「不是我平常聯繫的獵頭，是這家公司直接聯絡我的，而且我有去他們的 LinkedIn profile 還有他們的官網看過，怎麼說呢，我就是覺得哪裡不太對勁。」他和我繼續分享更多細節。

我有一個非常要好的高中同學，當年他滿心歡喜的開始出社會的第一份工作，沒想到竟然就是一場噁心的騙局。可是，這家公司是在一〇四人力銀行上找到的，看起來是非常正常的公司，去公司面試的時候，上至老闆下至同事看起來都很平常，沒有什麼疑點。進公司工作之後，有薪水、有勞健保，甚至還有員工出國旅遊，他一度以為自己有幸運之神眷顧，遇到一家好公司、好老闆，但是不到一年的時間，他因為工作，不僅吃上官司而且還欠了一屁股的卡債。

遠距工作可以給予工作者非常多的好處，可是當我們在尋找遠距工作、開拓遠距客戶的時候，你的老闆、你所加入的公司、你的同事、你管理的團隊、你的客戶，都可能散布在世界各地，這個時候問題來了：你要如何確定，你加入的這個遠距公司，或是你正在進行的這一份遠距工作不是一場驚天大騙局呢？

兵來將擋水來土掩，有詐騙就可以反詐騙。做一個聰明的遠距工作者，要懂得保護自己的權益，分辨遠距工作的真偽，以下七個小祕訣，可以讓我們很快的建立遠距工作「測謊雷達」，有效的察覺遠距工作是否是真實可靠的。

1、職缺內容寫得不清不楚，甚至有錯別字，看起來非常不專業

有的時候，我們會從社群媒體上收到一些職缺訊息，而這些文字敘述看起來非常不

清楚，所謂的不清楚就是，你從頭到尾讀一遍之後，還是不知道這個工作具體是要做什麼。有的時候甚至會發現錯字連篇的情況，整體來說就是讓人感覺非常的不專業。要知道招聘的資訊也代表一個公司的品牌，試問有哪一家正經公司會在招聘的流程中砸了自己的招牌呢？而且在這個搶人才大戰的時代，每一家公司在招聘人才的時候，都會非常注重自己品牌經營和品牌溝通，因為他們最終的目的是要吸引到最優秀的人才。

2、開出的薪水遠高於平均市場行情，但是工作內容不明確

高薪是我們人人都想要追求的，但是當你看到了遠距工作高薪到誇張的地步，你就要很小心了。每一個工作職缺，在市場上都有一個可以接受的平均行情，當然這個行情會因為公司規模、職務內容而有所不同。例如，在台灣，一個社群小編每個月的薪水大概是二萬七千元到四萬元之間，這就是一個合理範圍。有些公司規模較小或才剛剛起步，可能會低於二萬七千塊錢，有一些公司發展非常迅速而且是最紅最夯的行業，也有可能會高於四萬塊以上。可是如果你看到一個小編的職缺是一個月三十萬，那你就要再三思考到底合不合理，如果覺得不合理的話，那他很有可能是假的，尤其當你看到的工作內容非常不明確時，就要更加警惕。

3、主動找上門，而且不是從你衍生出來的人脈關係

古話說，無事獻殷勤非奸即盜。因為社群網路的發達，尤其當我們在使用 LinkedIn 這樣的社群媒體平台的時候，當然不排除有我們不熟悉的獵頭或公司會直接找到我們的可能性。可是如果對方是你完全沒有接觸過的獵頭，或是你從來沒有任何互動（關注、點讚、留言、詢問……等）的公司，而且不是從你自己的人脈關係中衍生出來的，就需要謹慎再謹慎，因為詐騙方利用求職者希望被獵頭或公司主動聯絡的這種心態，會讓你在沒有防備的情況下，上當受騙。

4、你收到的回覆，甚至聘任信件（offer letter）都是由私人郵件所發出的

大部分的公司都會有自己的電子信箱，通常這個電子信箱都會跟公司的官網域名一樣。當人資在跟職務候選人聯繫的過程中，一定會使用公司的信箱，而不是私人信箱。當然我們也不排除有些是一人公司，或是自由職業者在發包工作、尋找合作夥伴，但是如果你看到的這個職缺顯示是一個公司的遠距職缺，但是跟你聯絡的人卻是使用私人電子信箱的時候，就需要再三考慮了。

5、在經過一些時間的聯絡之後，對方開始詢問你的個資

對方聯絡到你時，一開始的溝通可能很順暢，職缺內容訊息也看似很完整，公司跟聯絡方看起來也很正常，也沒有使用私人電子信箱的問題，但是經過了一段時間的互動之後，不但沒有等來正式的面試，對方反而開始詢問你的私人信息，這是一個很大的警訊！一定要警惕而且妥善保護你的個資。

6、對方要求以各種名目要你先付費，例如：會費、手續費

如同我的朋友 Jonathan 的經歷一樣，本來對方和他聊的是關於遠距工作內容，但是聊著聊著就變了味，對方開始要求他先付會費，才可以進行到下一步。請記住，正常公司的招聘，都不會要求求職者要先付任何費用，遠距公司也是一樣的，不管這個付費的名目是什麼，理由是什麼，只要對方在還沒有進入面試之前，就要求你先付費，這是非常可疑的，而且通常是詐騙的徵兆。

7、對方要求你在面試之前先交定金到私人帳號

和第 6 點的一樣，公司的招聘流程中，絕不會要求求職者在任何關卡先支付公司任何費用，如果對方要求你在面試之前要先交所謂的定金，而且還要交到一個私人帳號的

話，這也是詐騙的徵兆，請你馬上報警處理。

8、不面試，線上很隨便的聊過就直接僱用你

我想大家都知道找到一份合適的工作不是容易的事情，而要在茫茫的網路大海裡找到一份優質的遠距工作更是不容易。如果對方在跟你進行職缺洽談的時候，只是線上很隨便的聊過，就直接聘用你，雖然過程看起來是出奇的順利，也節省了很多的時間，但是請記住天下沒有白吃的午餐，如果不通過正式的面試就直接聘用，就真的太奇怪了。

9、對方和你互動的過程，使用不屬於人資或是資方會使用的不專業語言

正規的專業人資在跟你溝通的時候，一定會保持一定的專業度，所使用的語言也不會太隨便太輕浮。因為人資代表公司跟職缺候選人進行溝通，過程中都要注意維持公司的品牌形象，而且身為人資有一定的職業操守，當你發現對方跟你互動的過程，使用的語言太過於輕佻，給你一種隨隨便便的感覺，那也請你一定要提高警戒。

10、對方要求加入更多社群媒體以便聯繫

在正常求職的情況下，求職者給人資的聯繫方式，最常見的就是電子信箱。如果對

方在和你互動的過程中開始要求你加入各種類的社群媒體，藉口要跟你保持聯繫，這也是非常不正常的，請你一定要小心為上。

詐騙處處有，在遠距工作圈裡也層出不窮，建議大家在尋找遠距工作的時候，可以多看看一些關於遠距工作和遠距公司的文章及最新資訊，對於一些優秀的遠距工作與公司有更多的瞭解，不但可以知己知彼，還能更快察覺一些邪門歪道的假消息和詐騙情況。此外，就是到輸出遠距工作的公司的官網和他們的社群媒體平台上看看他們所發出來的資訊，慢慢你就可以練就觀察「真」遠距工作的火眼金睛。

Joyce遠距工作悄悄話

對於遠距工作職缺有興趣的朋友，建議可以加入「We Work Remotely」或是「Contra」的遠距工作者社群平台，在上面可以和全職遠距工作的工作者，還有自由職業的遠距工作者多多交流，也會有全職遠距公司的人資在上面。這樣的線上社群，都是為了讓遠距工作者可以更好的工作，有更多的機會，也可以降低遇到動機不純的人或公司的風險。

二十八天成功踏入遠距工作圈的私密養成計畫

你不一定會創業，你也不一定會做自媒體，但是絕大多數的人，都需要一份工作。當然，我們也都希望這是一份我們所喜歡、所熱愛，也能夠帶來高薪的一份好工作。在全球職場巨變的當下，培養你的能力、自信和遠距力，讓你能夠打敗競爭對手，成功踏入遠距工作圈。不管你身在何處。

二十八天的時間不長，按照以下的計畫表行動起來，你一定會有所收穫。

第一階段（Day1 - Day7）

準備好 CV（履歷表）、Cover Letter（求職信）、LinkedIn 帳號

Day 1

行動細項和內容

- 整理學歷和工作經歷
- 突出遠距工作經驗
- 如果沒有遠距工作經驗，著重在遠距工作所需特質
- 搜尋一個合適的 CV 範本
- 開始計畫更新 CV

行動目標

- 開始整理學歷和工作經歷，並準備好開始更新 CV

完成進度

☐ Yes
☐ No
☐ If no, why?

Day 2

行動細項和內容

- 使用一個合適的 CV 範本
- 借鑒 CV 範本更新自己的 CV
- 完成更新自己的 CV

行動目標

- 完成最新版的 CV

完成進度

☐ Yes
☐ No
☐ If no, why?

Day 3

行動細項和內容

- 找到一個合適的求職信（Cover Letter）範本
- 準備撰寫一份通用的 Cover Letter

行動目標

- 準備好開始準備撰寫一份通用的 Cover Letter

完成進度

☐ Yes
☐ No
☐ If no, why?

Day 4

行動細項和內容

- 借鑒一個合適的 Cover Letter 範本
- 完成撰寫一份通用的 Cover Letter

行動目標

- 完成一份通用的 Cover Letter，後續可以在這個基礎上，針對不同求職的遠距工作再做更新

完成進度

☐ Yes
☐ No
☐ If no, why?

Day 5

行動細項和內容

・建立自己的 LinkedIn 帳號
・開始更新以及完善 LinkedIn 帳號

行動目標

・LinkedIn 是全球最大的職業導向的社群媒體，在這個平台上有一個自己的帳號是必須的

完成進度

☐ Yes
☐ No
☐ If no, why?

行動細項和內容

・完成自己的 LinkedIn 帳號更新
・開始管理你的 LinkedIn 職場社交平台帳號

行動目標

・給潛在雇主以及獵頭留下一個良好的印象，並增加被邀請工作申請的機會

Day 7

行動細項和內容

・回顧及檢視過去 7 天的進度
・如有尚未完成的繼續補全

行動目標

・把未完成的進度補上

完成進度

☐ Yes
☐ No
☐ If no, why?

第一階段（Day1 - Day7）

總結與回顧 Notes：

第二階段（Day8 - Day14）

檢查 CV、Cover Letter 以及利用關鍵字在遠距招聘平台上找出符合自己學歷和經歷的職缺

Day 8

行動細項和內容

- 檢查自己更新完成的 CV
- 確保 CV 內容符合申請遠距工作的格式和要求

行動目標

- 檢查自己更新好的 CV 是否達到雇主招聘標準

完成進度

☐ Yes
☐ No
☐ If no, why?

Day 9

行動細項和內容

- 檢查自己更新完成的 Cover Letter
- 確保 Cover Letter 符合申請遠距工作的格式和要求

行動目標

- 檢查自己更新好的 Cover Letter 是否達到雇主招聘標準

完成進度

☐ Yes
☐ No
☐ If no, why?

Day 10

行動細項和內容

- 開始搜尋符合自己找工作需求的遠距招聘平台
- 列出符合自己找工作需求的遠距招聘平台

行動目標

- 鎖定數個符合自己找遠距工作需求的招聘平台

完成進度

☐ Yes
☐ No
☐ If no, why?

行動細項和內容

- 對應自己的學歷和工作經歷，列出找遠距工作的關鍵字
- 用以上的關鍵字在鎖定的遠距工作平台上搜尋職缺

行動目標

- 利用關鍵字在遠距工作招聘平台上找出符合自己學歷和經歷的職缺

完成進度

☐ Yes
☐ No
☐ If no, why?

Day 12

行動細項和內容

- 利用以上的關鍵字，在鎖定的遠距工作招聘平台上擴大搜尋職缺
- 列出你想要申請的特定公司，許多公司都會在官網設立“Career”或類似的區塊。這部分通常會連結該公司的職缺列表。

行動目標

- 利用關鍵字在遠距工作招聘平台上來找到更多符合自己學歷和經歷的職缺

完成進度

☐ Yes
☐ No
☐ If no, why?

行動細項和內容

- 列出所有搜尋到符合，或是部分符合自己的 CV 的職缺

行動目標

- 比較精準的列出符合自己的 CV 的職缺

完成進度

☐ Yes
☐ No
☐ If no, why?

Day 14

行動細項和內容

- 回顧及檢視過去 7 天的進度
- 如有尚未完成的繼續補全

行動目標

- 把未完成的進度補上

完成進度

☐ Yes
☐ No
☐ If no, why?

第二階段（Day8 - Day14）

總結與回顧 Notes：

第三階段（Day15 - Day21）

正式開始在各大遠距職缺平台上，以及向心儀的公司提出工作申請，並巧用 follow-up call 給人資留下印象

Day 15

行動細項和內容

- 在準備好的 Cover Letter 上，針對不同遠距職缺具體要求再做更新，完成符合招聘具體要求的 Cover Letter
- 針對上面列出的符合，或是部分符合自己的 CV 的遠距職缺，建議可以選擇最感興趣以及最符合你的 CV 的幾個遠距職缺，打電話去詢問是否還在招聘中

行動目標

- 針對特別有興趣的，或是特別符合自己 CV 的遠距職缺，打電話到雇主方確認是否職缺還是開放中，利用機會給人資留下印象

完成進度

☐ Yes
☐ No
☐ If no, why?

Day 16

行動細項和內容

- 根據上面列出所有搜尋到符合，或是部分符合自己的 CV 的職缺，針對性的開始提出遠距工作申請

行動目標

- 開始正式提出遠距工作申請

完成進度

☐ Yes
☐ No
☐ If no, why?

Day 17

行動細項和內容

- 持續針對性的開始提出遠距工作申請
- 建議給自己設定目標，例如，一周要申請 3 至 6 個符合自己的 CV 的遠距職缺

行動目標

- 持續提出遠距工作申請

完成進度

☐ Yes
☐ No
☐ If no, why?

Day 18

行動細項和內容

- 投遞工作申請後，可以打一個「Follow-up call」詢問雇主方是否收到你的工作申請

行動目標

- 利用這個「Follow-up call」的機會給人資留下印象

完成進度

☐ Yes
☐ No
☐ If no, why?

Day 19

行動細項和內容

- 上傳自己的 CV 到 LinkedIn 帳號上
- 開始在 LinkedIn 上，對應自己的學歷和工作經歷，列出找遠距工作的關鍵字
- 利用以上的關鍵字在 LinkedIn 上搜尋相應的職缺

行動目標

- 在 LinkedIn 上搜尋適合自己 CV 的遠距職缺

完成進度

☐ Yes
☐ No
☐ If no, why?

Day 20

行動細項和內容

- 開始在 LinkedIn 上提出遠距工作申請
- 在 LinkedIn 上面關注自己喜歡以及有興趣的公司
- 依據以上的關鍵字設定 job alert，不會錯過任何新的機會

行動目標

- 開始在 LinkedIn 上正式提出遠距工作申請

完成進度

☐ Yes
☐ No
☐ If no, why?

Day 21

行動細項和內容

- 回顧及檢視過去 7 天的進度
- 如有尚未完成的繼續補全

行動目標

- 把未完成的進度補上

完成進度

☐ Yes
☐ No
☐ If no, why?

第三階段（Day15 - Day21）

總結與回顧 Notes：

第四階段（Day22 - Day28）

持續提出遠距工作申請以及準備好線上測試或面試階段，並開始利用非正式求職方式尋找遠距工作機會

行動細項和內容

- 根據上面列出所有搜尋到符合，或是部分符合自己的 CV 的遠距職缺，針對性的持續提出遠距工作申請
- 持續在 LinkedIn 上提出遠距工作申請

行動目標

- 持續性的正式提出遠距工作申請

完成進度

☐ Yes
☐ No
☐ If no, why?

Day
23

行動細項和內容

- 針對提出遠距工作申請的主要職缺要求開始準備線上測試或面試
- 面試前，準備或更新求職資料。包括各類證書、項目成果等。參加面試時記得攜帶，以便用來證明你的技能以及經驗

行動目標

- 開始準備線上測試或面試，以及面試所需的資料

完成進度

☐ Yes
☐ No
☐ If no, why?

行動細項和內容

- 持續準備面試，除了要針對提出工作申請的主要遠距職缺外，還要列出模擬面試的題目做演練

行動目標

- 持續準備面試，並對可能會問的問題進行演練

完成進度

☐ Yes
☐ No
☐ If no, why?

行動細項和內容

- 開始聯絡推薦人的人選，並準備推薦函

行動目標

- 開始聯繫推薦人以及準備推薦函

完成進度

☐ Yes
☐ No
☐ If no, why?

Day 26

行動細項和內容

- 有效利用自己的社交圈、朋友圈、公司內部推薦等管道來找到更多的遠距工作機會
- 如果你是應屆畢業生，多參加校園招聘相關活動、利用大學的就業輔導等資源，來找到更多的工作機會

行動目標

- 利用非正式的求職方式——身邊的人脈以及資源來尋找遠距工作機會

完成進度

☐ Yes
☐ No
☐ If no, why?

行動細項和內容

- 通過非正式的方式求職，例如通過公司內部推薦來獲得求職機會
- 通過非正式的方式求職，例如通過參加行業舉辦的社交活動獲得求職機會

行動目標

- 持續利用各種非正式的求職方式尋找工作機會

完成進度

☐ Yes
☐ No
☐ If no, why?

Day 28

行動細項和內容

- 回顧及檢視過去 7 天的進度
- 如有尚未完成的繼續補全

行動目標

- 把未完成的進度補上

完成進度

☐ Yes
☐ No
☐ If no, why?

第四階段（Day22 - Day28）

總結與回顧 Notes：

按照以上的計畫表行動起來，在這二十八天內，你可以達到：

1、**完整準備求職所需要的資料（包括：CV、Cover Letter 和求職郵件）。**

2、**成功打造自己的 LinkedIn 帳號讓人資和獵頭都看見你。**

3、**熟悉不同的遠距求職方法，找到實習或工作機會。**

4、**熟悉不同的遠距求職平台，也為遠距工作求職做好準備。**

5、**成功培養遠距面試的技巧，為拿到遠距工作 offer 向前邁進。**

全球多個國家啟動「遠距工作簽證」，你準備好了嗎？

二〇二〇年九月二號，是澳洲首都坎培拉保持新冠病毒零案例的第五十天，也是二度保持零案例。早在今年四月底，也曾經清零過。坎培拉首都領地成為澳大利亞大陸第一個病例清零的行政轄區，在澳洲被稱為「坎培拉泡泡」（Canberra bobble）。和全球許多國家比較起來，坎培拉的日常生活，貌似回歸了正軌。

從「坎培拉泡泡」到多個國家啟動遠距工作簽證

用「泡泡」來形容零案例，也是因為這樣安全的狀態隨時都有可能出現變化。所以雖然身在坎培拉的我們為了這樣的現狀感到慶幸，但是還是需要大家齊心協力，繼續一同努力保持下去。因為「坎培拉泡泡」安全地區的產生，讓我想到很多國家其實也都有「泡泡」現象，這些「泡泡」裡，大部分的商業活動，例如餐飲、美容、零售、房地產……等都在持續進行，經濟影響較小；然而有更多國家因為疫情，眾多產業和經濟活動都經歷了大衰退，而各國政府也必須祭出因應的解決方案。

危機就是轉機，在「坎培拉泡泡」裡面，我們看到了轉機，而遠距工作簽證的誕生，更是最佳例證。

各國的遠距工作簽證準備好了，你準備好了嗎？

如果你一直嚮往國際工作、一邊旅行一邊工作、遠距工作……任何可以讓你達到「工作地點自由」的工作模式，那麼，你真的可以開始考慮這些專門為了數位遊牧工作者提供最佳簽證種類的國家／地區。在我過去十多年的國際工作旅程中，每一次轉換國家都是一個浩大的工程。尤其工作簽證真的是讓人又愛又恨！在很多國家都會設立很多關卡來保護自己國民的工作機會，不輕易讓別國的人才來搶，所以國際工作者時常面臨的一個問題就是：如何尋找願意為了人才而擔保長期工作簽證的雇主，這條路我走了一遍又一遍，雖然有無數難題，但是仍然可行。

進行遠距工作的夢想，現在已經可以實現

以下幾個國家，為全球遠距工作者提供長期簽證的選擇，讓「一邊工作，一邊旅行」直接升級到「換個國家生活，保持遠距工作」。只要你願意，你可以在德國生活，卻為在加拿大的公司遠距工作；只要你有持續接案的能力，你可以在百慕達的海灘上工作，享受百慕達的海島生活……這些個國家或地區，開始對於遠距工作者推出長期工作的簽證，無疑是加大推動全球遠距工作的浪潮。同時也為「後疫情」時代做準備。

愛沙尼亞 Digital Nomad Visa for remote workers

如今因為疫情，我們也看到了很特殊的政策轉變，愛沙尼亞在二〇二〇年八月一日，正式推出「給遠距工作者的數位遊牧簽證」（Digital Nomad Visa for remote workers）。以前數位遊牧工作者在不同國家工作時，所碰到簽證上的尷尬處境，或用旅遊簽證來工作可能會觸犯簽證法規的情況，現在都可以完全解除，這樣的簽證政策的改革，為數位遊牧工作者提供了最佳的簽證選擇。

德國自由職業者「Freiberufler」簽證

自由職業者已成為一種不斷增長的工作群體，因為與傳統工作相比，它具有更大的獨立性。作為一名自由職業者，你是自己的老闆，工作安排具有靈活性，此外，你可以自由選擇你想要接案的客戶。德國的自由職業者簽證，非常適合自由工作的數位遊牧工作者。此項「Freiberufler」簽證最長三年。如果是符合條件的自由職業者，一旦申請成功，請記得要向德國政府納稅。

百慕達

百慕達這個海島國家的政府，推出了一種特別的簽證，讓遠距工作者可以在他們的海島上，一邊度假，一邊工作。這個簽證可以讓世界各地的遠距工作者住在百慕達，不僅他們不用擔心工作問題，對於當地人來說，也不會與當地居民的工作權利有所衝突。所以，這項簽證政策的革新，在未來預計能夠持續促進百慕達的旅遊產業，在疫情之下改善經濟情況。百慕達的勞動部長 Jason Hayward 表示，遠距工作已經成為主流，而百慕達政府正在嘗試，將這樣的新工作模式規劃到國家的未來經濟發展策略當中。

疫情之下，大家都不能出國旅行，很多人真的是要憋壞了，那既然不能旅行，換個地方工作和生活，也是可以考慮的哦！如果你是遠距工作者，現在要在你日思夜想的海景還是山景中遠距工作，視訊會議不用虛擬背景，直接用真實景色閃瞎同事！

其實，如果有個機會，讓你可以在一個相對來說安全的地方進行遠距工作，雖然在疫情之下，還是有很大魅力的。尤其你現在如果住在疫情相對嚴重的地方，到其他國家遠距工作的需求，可能更就更加迫切了。既

以下這九個國家，也非常歡迎遠距工作者

如果你喜歡海：

1. 百慕達 Bermuda
2. 巴貝多 Barbados

如果你喜歡山：

3. 喬治亞 Georgia

如果你喜歡南美：

4. 墨西哥 Mexico

如果你喜歡歐洲：

5. 愛沙尼亞 Estonia
6. 德國 Germany
7. 捷克 The Czech Republic
8. 西班牙 Spain
9. 葡萄牙 Portugal

然疫情不會在短時間內消散，那乾脆邊度假邊工作，調整好再出發！

遠距工作成為必然，未來會有更多國家開放遠距工作簽證

在疫情之下，很多人即便看到了有這樣的遠距工作簽證，也不會去申請，因為考慮到安全問題，尤其在台灣相對安全的情況下。但是我認為，我們要看到疫情給全球帶來的衝擊，也帶來了新的發展，新的可能。

疫情總有一天會過去，不管在二〇二一還是二〇二二，不管是疫苗、特效藥，或是其他對抗疫情的方式，我們總能度過。但是對於工作形態的改變，我認為很多國家和企業不會走回頭路，而是會持續地改革下去，辦公室去中心化革命會繼續，不只有臉書、Twitter、Amazon……等這些國際型集團將持續發展遠距工作，中小型企業也會跟進，也就是說，遠距工作將成為必然，它不再是一個邊緣的選項，而是主流之一。

而工作型態的變動和發展會一直持續，在遠距工作之後，還有新的可能，「後疫情」時代，有更多我們沒有預料到的變動在等著我們——工作種類和形態會越來越多元化，能夠隨著變動而轉變的人，就能安穩的度過風暴，甚至在變動中迅速發展，得到更多機會。

Joyce遠距工作悄悄話

對於現在的職場達人們來說，遠距工作成為必然，未來會有更多國家開放遠距工作簽證。培養你強大的「遠距力」，在自己最喜歡的沙灘上，吹著海風，喝著熱帶飲料，邊看美景邊工作，然後依然賺入高薪，並且生活在自己想要生活的地方——為這個理想的生活&工作狀態做準備吧！

PART 6

遠距力 Check List

二十七個你可以馬上開始做的遠距工作

「看到身邊這麼多人開始遠距工作，我也好想嘗試！但是真的不知道如何開始下手。」

Billy 在臉書 messenger 上留言給我。

「遠距工作的機會真的很多，你為什麼不知道怎麼開始呢？」我在下班後回覆他。

「不知道有哪些遠距工作機會，覺得很茫然……」Billy 有些不知所措地繼續說。

「你知道有很多公司現在招 Content Producer（內容產出／製作）的工作嗎？要不試試看？

你的文案功底這麼棒！而且之前的工作經驗還很多。」我鼓勵他試試看。

很多人都和 Billy 一樣，對於遠距工作不知如何開始。其實，不管你是長久以來都很想嘗試遠距工作、對於工作地點的自由很嚮往；還是因為全球疫情的因素，轉為在家工作，我們可以預見的是，從現在到未來的幾年，遠距工作是未來工作模式的發展趨勢，遠距工作的種類會愈來愈多，你絕對不用擔心找不到哦！

如果說，你不知道要從何著手開展遠距工作，也擔心自己不容易找到合適的工作機會，以下和你分享二十七個你可以馬上開始做的遠距工作，總有一項是你可以迅速開始的。

二十七個可以你可以馬上開始做的遠距工作清單

1、資料輸入

這個工作的門檻低，沒有特定條件需求，容易上手。只需要一台電腦，你就可以替案主將要處理的資料，透過電腦輸入（Key in）就可以完成工作。這也是很多剛開始遠距工作的人可能會接觸到的工作種類。

2、排版校對

接續上面所提到的資料輸入，很多資料輸入的工作，大部分都會有排板校對的需求，當然很多情況下，是分開的二類工作。而對於排版校對，除了熟悉資料輸入外，還會用到常見的 Word、Excel 等相關的 Office 軟體。如果熟悉一些像是論文排版、公文排版、正式檔排版……等，特殊格式排版，就更加分。

3、影音聽寫打字

影音聽寫打字（Transcribe）也是可以進行遠距工作的，音檔、演講……等製作成逐字稿，或是影片製作成逐字稿後，再校正完成。這個工作需要特別細心，如果有特殊專業知識或經驗，例如：醫藥類、護理類、科研類……等，會更有競爭力。

4、線上客服

愈來愈多的公司客服工作也可以遠距進行，尤其是疫情之後，有更多的線上客服工作機會釋出，例如：診所的接待處、保險公司電話客服、銀行客服……等。線上客服的工作通常會經歷用人單位的系統化訓練，每個公司依照所處行業和客戶群，會有相應的標準作業程序 SOP，來回覆和處理客戶的問題。一般來說，線上客服透過電腦和電話來完成工作。這類型的工作在經過訓練後，也很容易熟悉上手。

5、虛擬助理

虛擬助理顧名思義，就是線上協助完成工作事項的人員，英文叫做 Virtual Assistant，任何一個公司或個人，都可以雇傭虛擬助理，例如：一個個人品牌的創辦人，他可能不需要雇傭一個全職的員工，但是需要一個線上可以協助他完成網頁設計、文案、回覆資訊……等工作的助手；也或許是一個公司裡面的幾個經理，需要共用一個虛擬助理來幫忙他們安排會議的時間、處理行政上的事務。只要有行政、行銷、網站管理、財務管理、企劃、文案……等技能，你就能成為各種不同的虛擬助理。想想，如果你在台灣生活，而工作是為雪梨一家公司擔任虛擬助理，是不是很酷呢？

6、線上家教

如果你有各種語言、學科、美術、音樂、手作……等專長，可以擔任線上家教的職務。有很多平台都提供這樣的機會，你的學生可能遍布全球，你不用出門，只要有電腦和網路，就可以在家進行線上家教的工作。因為新冠疫情的關係，世界上很多學校都是處於關閉的狀態，雖然學校不開門，但是教育還是要繼續的，這樣的工作機會也有增長的趨勢。

7、線上語言講師

如果你的語言能力出眾，對教授語言有熱情，那線上語言講師是一個非常好的選擇，目前國內外很多平台有這樣的工作機會，例如：Amazing Talker，TouturABC，Funday……等，只要有電腦和網路，你就可以成為線上語言講師。

8、翻譯

如果你有流利的第二外語能力，平台上有海量的在家翻譯的工作可以去試試，有中翻英、英翻中，如果有專業知識，例如：醫藥、化工……等會有更多工作選擇。這工作需有時間管理能力，嚴謹細心負責，能配合案主，準時交件。如果你會英語之外的外語能力，例如：阿拉伯語、菲律賓語、德語、法語、西班牙語……等會更吃香。

9、平面設計

平面設計（graphic design），也稱為視覺傳達設計，是以「視覺」作為主要溝通的方式，公司或是案主會雇用平面設計師，來完成主視覺設計、Logo、活動背板、海報、邀請函、貼文圖、Banner……等相關平面設計，需要熟悉AI、PS等常用軟體。

10、SEO代操

如果你懂怎麼操作SEO（Search engine optimization，搜尋引擎優化），那遠距工作就會真的追著你跑了！尤其在這個疫情全球肆虐的時刻，成長最快的產業就是線上產業。不管是大品牌還是中小型公司，為了增加網上的銷售額，做好SEO是非常重要的，所以對這類技能的需求就更高。

11、社群廣告投手

不管是Facebook、Instagram還是其他的社群媒體平台，如何投放社群廣告、管理付費廣告經營，都是很多公司現在行銷必備的能力。如果你本身就有這方面的經驗，相信你有非常多的遠距工作機會，如果還能對於廣告投放後的結果進行資料分析，一定會大大加分哦！

12、文案寫手

任何產品或是服務，都需要優秀的文案來介紹，而打動人心的文案可以讓銷售狂飆，如果你是一個文筆很好、有一定的專業背景、具有較強的文字邏輯，那你會發現有很多文案撰寫的工作，包括：廣告文案、社群貼文、產品行銷文案、電子郵件行銷……等，你都可以嘗試。

13、簡報企劃

如果你是個整理資訊高手，邏輯觀念強，而且還能把繁複大量的資訊精簡化，用簡報的方式呈現出來，那麼，恭喜你！簡報企劃是一個你可以很快開始的遠距工作。有很多案主自己沒有時間做簡報企劃，就會需要把這樣的工作外包出去。

14、網頁設計

據說新冠疫情開始後，網頁設計的需求翻了N倍，網頁設計相關的案子多到你無法想像，要會HTML, CSS, SQL, JavaScript……這些語法，有些則可以用CMS（內容管理系統）來製作，客製化的網頁就得學會前端的程式語言。

15、各類型線上顧問以及線上教練

因為疫情而居家隔離，各種行業迅速轉型為線上，有很多你在疫情之前沒有想過可

以遠距完成的，現在都開始遠距工作了。例如：稅務顧問、律師、會計師、家庭醫師、心理醫師、瑜伽教練、心理醫師、重訓教練……等等。

16、聯盟行銷

聯盟行銷（Affliate marketing）又常被稱作夥伴計畫（Affiliate Program 或是 Referral Program），主要是業主透過網路，推廣其他人的產品，當這個產品成交產生銷售額時，你能夠得到傭金或獎金。如果你自己有架設網站，又想要增加被動收入的話，聯盟行銷是值得你來經營的。

17、線上課程

線上課程已經在世界各地迅速發展起來，尤其在疫情下，越來越多的線上課程出現，而且會有越來越多個人與企業都會投入這個產業。如果你本身有技術，知道如何透過課程提供價值，而且你已經擁有了一些觀眾，那就立刻開始你的線上課程吧！經營得當，這個將可以成為副業、事業，創造多元收入。

18、Youtuber

當 Youtuber 這個遠距工作選項，並不適合每一個人，而且它賺錢的速度和穩定度真的因人而異。但是它的好處是人人都可以嘗試、只要有簡單的技術就可以開始、內容自己可以控制、工作地點自由。

19、Podcaster

當 Podcaster 這個遠距工作選項，和 Youtuber 一樣並不適合每一個人，而且它不一定能讓你賺到錢。但它的好處是人人都可以嘗試、只要有簡單的技術就可以開始、內容自己可以控制、工作地點自由。相對於 Youtuber 來說，你只要擔心處理音頻就可以了，不用擔心影片的部分。

20、影片剪輯

影片剪輯後製的工作也越來越多，基本上你只要會操作後製軟體，能夠順利完成剪輯，就能接到不少案子，如果想要提高你的報價，還需要熟練特效和字卡。

21、影片字幕

不知道你沒有有聽過影片字幕師這樣的工作，你可以在家，看各種電影和戲劇，然後翻譯字幕、上字幕集就是你的工作，有時候原始影片沒有字幕，你就要用聽的再一一寫下來，然後再上字幕。

22、社群小編

現在很多公司都在招社群小編，很多社群小編的工作都可以遠距進行，這個工作聽起來很容易，但是要當好一個稱職的小編，那你要會：美編、文案、影片製作、回覆粉絲或顧客的留言與訊息、廣告投放、數據分析與成效管理。

23、程式編碼

遠距工作選項之一：程式編碼（Coding）是很多工程師的選擇，也有非常多的需求。除了編碼外，有時候案主會需要做測試或除錯（Debug）。這樣的工作需要專業技術，而且比較繁雜，需要花很多精力。

24、UI/UX優化

這部分比較偏向前端工程師的工作，將網頁、APP，或是各種產品的介面進行優化，讓使用者體驗感能上升。

25、財務管理

如果你有財會方面的背景、工作經驗和執照，可以接財務管理、稅務外包的工作。

26、法律諮詢

如果你有法律的背景、工作經驗和執照，可以接法律諮詢外包的工作。

27、APP 開發

近年來非常夯 APP 開發，需求量也一直居高不下，通常有：開發付費 APP 來販售，或是開發免費 APP 供使用者使用，之後再賺取平台廣告費二種方式。

以上，你最喜歡哪項遠距工作呢？

想要擺脫上班生活，能夠在家裡或自己喜歡的地點工作？只要你有電腦、有網路、有相關的專業和能力，那就開始嘗試遠距工作吧！希望透過這二十七個遠距工作，給你更多的靈感，讓你可以在遠距工作上，更快的向前邁進。

Joyce遠距工作悄悄話

二十七個你可以馬上做的遠距工作只是一個開始，其實，遠距工作機會比你想到的還要多！

六個讓你更容易找到遠距工作的祕密

很多人問我，是怎麼找到遠距工作的？嗯……其實我的遠距工作是一個很奇妙的過程。從好多年前開始，因為我當時在澳洲北昆士蘭旅遊局工作，工作性質需要常常出差，到全球不同的地方進行各種展會、考察、媒體團……所以，當時「移動辦公室」（Mobile Office）的概念，早就融入我的工作當中，只要有電腦，有網路，不管是在澳洲大堡礁的遊艇上，還是在新加坡五星級飯店的會議大廳，都能夠持續工作。

後來，二〇二〇年一場大家始料未及的疫情，使全球旅遊業大停擺，但是卻讓許多產業的遠距工作持續發展。而我，幾乎就轉成百分之百的遠距工作者，除了少數的時間要進辦公室，其餘都是遠距工作。對我來說，其實遠距工作不是我「找」來的，而是順應職場的發展潮流轉變而來的。

傳統的辦公室上班工作模式，有許多為人詬病的地方，尤其是工作地點的侷限，以及工作時間的不自由。近年來，因為網路的發達與普及，有越來越多類型的工作及創業種類，打破傳統上班的工作模式，只要有網路，有電腦，不管是在家裡，還是在世界上的任何一個角落，都可以進行工作以及創業。與此同時，也有越來越多的公司開始擁抱遠距工作模式的優勢，讓員工可以以混合式（部分時間在辦公室，部分時間遠距工作）或完全遠距地進行工作。

以我自己的工作經歷來說，遠距工作並不是找來的，而是慢慢發展而來的，此外，也有在LinkedIn上被獵頭青睞，主動送來的遠距工作機會。你可能會說我的運氣很好，剛好碰上了好時機。是的，我不否認我運氣很好，但是我也想和大家說，當機會來臨時，你是否準備好了各項能力，才能把這樣的好運接下來。以下要和大家不藏私的分享遠距工作所需具備的技術和能力，能夠幫助你更快速找到心儀的遠距工作。

1、從現有全職工作下手，建議老闆轉換工作模式

如同之前所述，我的遠距工作並不是自己去找來的，而是從我本來的工作慢慢發展出來的。同樣的，現在有非常多的公司，都在進行數位轉型，也都在進行遠距工作的轉型，這個時候，你有非常多的機會開展你的遠距工作。首先，你可以跟現職的老闆建議，

是不是先從混合模式開始，例如：每週的星期一、二你可以遠距工作，而其他的時間你依然進辦公室如往常一般上班。慢慢的，當你跟老闆、公司、還有團隊，建立起一個良好有效的遠距工作模式之後，老闆對於你的信任度也逐步增加，你就可以再增加遠距工作的天數，逐漸朝完全遠距工作邁進。

2、找到支持遠距工作的公司，或完全遠距工作的公司

現在有非常多的公司，例如：Facebook、Twitter、Instagram、LinkedIn……等都支持遠距工作，也有越來越多的新創公司對於遠距工作的態度也非常開放，甚至是非常鼓勵。再者，全球現在有越來越多的公司是屬於完全遠距的公司，這些完全遠距公司裡的所有員工都在進行遠距工作，完全不受辦公室以及員工所在地點的限制。我會非常建議大家可以去找到這些公司，然後積極地關注他們最新的職缺動態，相信會給你帶來很多的收穫與驚喜，讓你有機會開始遠距工作。

3、不要覺得遠距工作對你來說是遙不可及的，要持續嘗試

有很多學員、讀者都會跟我分享他們在尋找遠距工作時候的擔憂及害怕，其中有一項最讓他們無法克服的，其實是心理上的障礙。他們總覺得遠距工作對他們來說是遙不

可及的，換句話說，就是他們不相信自己可以找到一份遠距工作，或是不相信自己可以找到一份薪水福利各方面都符合自己要求的遠距工作。其實找工作跟找遠距工作的心理建設是一樣的，你不要覺得遠距工作是一件不可能的任務，你要給自己信心不斷的去嘗試，例如先給自己三個月的時間，很仔細地，甚至是地毯式的去搜索遠距工作的職缺，並且勇敢地提出申請，也需要不斷地說服自己，不可以輕易放棄。

4、搜索遠距工作，範圍設定在：外商公司、大型線上公司以及新創公司

以目前台灣職場的狀況來分析，因為台灣的疫情相對來說控制得很好，即便是在疫情之後，遠距工作的模式並不會那麼普及。還有就是台灣職場舊有的文化也會對遠距工作模式有所挑戰，例如老闆對於員工的信任度可能比較難建立。綜合下來考慮，建議可以把搜索遠距工作的範圍設定在外商公司、大型線上公司還有新創公司，因為這些公司對新型態的工作模式都是持比較開放的態度，遠距工作的機會相對提高許多。如果能夠進入這樣的公司，也有便於你更瞭解遠距工作生態群，工作條件各方面也比較好談。

5、由建立自媒體來拓展遠距工作的機會

很多人會擔心自己不具備科技背景或設計專業，在這樣的情況下是否就比較難進入

遠距工作圈。其實這樣的擔心與考量並不是沒有道理，的的確確有很多遠距工作會要求求職者的科技及設計方面的專業，但這並不是說沒有科技及設計方面的背景就不能進入遠距工作圈。以我自己為例，我沒有科技背景，也沒有設計專業，卻利用多年累積的國際工作經驗，以及數年來持續經營自媒體的經驗，一樣在遠距工作圈中被獵頭青睞。所以，我會建議大家建立自媒體來拓展遠距工作的機會，因為當你開始做自媒體，就是經營個人品牌的開始，之後會有非常強的自我行銷效益產生。

6、有規律的累積自己的個人作品，並磨練寫作能力

其實，除了你的履歷，你的自媒體也是你在職場中最有效的「名片」。現在是人人都可以擁有個人品牌的時代，我真的強烈建議你一定要有規律地累積自己的個人作品，還有持續地磨練寫作的能力，在日常生活中一直去累積你自媒體的產出和作品。以我自己為例，我在臉書、Instagram、Podcast、Linkedin……上累積的文章，都是我的「廣告招牌」，這些會吸引獵頭直接找上我，給我不同的工作機會，當然也包括遠距工作機會。而當新機會來臨時，獵頭也好、新雇主也好，都可以透過我的自媒體經營的個人作品，瞭解我的工作能力和經歷，增加被錄取的機會。別忘了，很多大型公司，例如Google，在聘請員工的時候，他們會很注重這個人在工作之外的能力，還有想要瞭解這個員工的

生活，是不是有很多業餘興趣愛好。因此，你每天持續不斷經營的自媒體，就可以讓你在職場上大大加分。

遠距工作和一般上班的工作沒有你想像得那麼不同，也沒有那麼遙不可及。除了從現有的全職工作發展不同的可能性，也有機會在很多你意想不到的地方出現遠距工作機會。我有一個很好的朋友Kira，她現在的全職遠距工作是從Instagram上面找到的，而且還是從追蹤一個她喜歡的美國健身專家開始的。這個健身專家在全球有超過二百萬的追蹤者，準備開始要拓展亞洲的市場。後來，經過了溝通、面試，還有線上面談多次，Kira拿到了一個全職社群媒體亞洲市場經營的工作機會。想要多元尋找遠距工作，一定要多多利用不同的社群平台，並且善用不同的關鍵字：遠距工作、在家工作、遠端辦公、居家辦公、Working remotely、Remote job、Remote career……等，也可以從自己的人脈開發，還有自我行銷勇敢跨出第一步，更是獲取遠距工作最直接也是最快的法門之一。

遠距工作的面試流程、薪資級距及支薪方式

在我的工作歷程中，經歷過好幾次的正式遠距面試，而且是多輪的面試，有意思的是，這些都發生在二〇二〇年的疫情之前。其中有一次是我之前在澳洲北昆士蘭旅遊局的工作，還有最近的一次，是我現在澳洲坎培拉大學的工作，都是經由遠距面試來進行。雖然工作本身不是全遠距，但由於這二個工作都是向全世界進行人才招聘，所以，幾輪的面試都是以遠距方式進行。在這樣的過程中，我也學到很多關於遠距面試的眉眉角角，也很幸運，每次我的遠距面試都很成功，百發百中。

二〇一五年初，我還在台北一家公關公司擔任業務副總監的職務，領著近六位數的高月薪，從外人眼光來看，我是光鮮亮麗的公關人，做著體面有趣的工作，而實情是，雖然我很喜歡我的工作內容和工作團隊，但是超長的工作時數讓我產生超強烈的倦怠感。

我常常在淩晨回家的路上重複想著一些問題：「我早上九點到辦公室，淩晨才回到家，這樣的工作，究竟可以為我帶來什麼樣的生活品質？但憑一己之力可以改變台灣工時超長的工作狀態嗎？我的未來應該怎麼走？」後來，我決定徹底改變現狀，挑戰自己的能力，離開舒適圈。於是我提出了一個跨國工作的申請，沒想到不僅開啟了我在澳洲的職業發展，從澳洲北昆士蘭旅遊局的工作開始，我也啟動了我的遠距工作旅程。

第一輪的遠距面試，是用 Skype 進行視訊面試，安排了我與當時旅遊局人事總監及國際市場總監一同進行。在一個小時十五分鐘的面試中，我回答的很順利。

一週內，他們通知我進入第二輪的面試。第二輪的面試官是旅遊局的局長，而國際市場總監也依然加入，仍然利用 Skype 這個線上通訊軟體，以遠距的方式進行面試。

第二輪面試的前二天，我收到國際市場總監的郵件，要我準備一個航線的市場推廣方案，在視訊面試前一天發給他和局長，然後在第二輪的視訊面試時為他們二位做簡報。

由於可以準備方案的時間很短，我簡單扼要的把方案的策略以及實行的步驟準備成八頁的簡報，並在要求的期限前發給國際市場總監及局長。

第二輪的遠距面試一開始，就是做一個十五分鐘的簡報，老實說，在視訊上做簡報很挑戰，因為面試官臉上的表情我看得不是很清楚，無法以肢體語言來判斷他們的反應。

簡報結束後，面試官開始問的問題更深入，對我過去的工作經歷和求學的過程也聊的很多。

面試大約持續了一個半小時，我感覺整體來說，面試是成功的。果然在面試結束後，我很快就拿到了 offer。

另一個是我現在在澳洲首都坎培拉大學國際市場專家的工作，也是透過遠距面試的流程。我在提交正式申請之後的一個星期左右，收到了自動視頻面試的邀請。這是一個用 Sonru 線上軟體來進行的遠距面試方式。Sonru 是自動視頻面試平台的全球領導者，是一個單向、自動視頻的面試流程，雇主方可以把事先要問的問題設定好，然後在規定的時間內，候選人登入平台來錄製對於問題的回答視頻。然後這個平台會把錄製好的視頻發回給雇主，並由此篩選候選人，大大地簡化招聘流程，打破地域限制，也節省時間，人資和主管可以隨時依自己方便的時間去觀看這些面試視頻，再決定是否進行到下一步。這也是我第一次進行單向的遠距面試，雖然沒有了面試官線上的壓力，但是要面對鏡頭回答問題，也是另一種挑戰。

遠距工作面試流程三大關鍵

二〇二〇年有許多產業都被迫由實體轉為虛擬，許多實體活動包括徵才活動（Job Fair, Career Fair）都無限期暫停，而對社會新鮮人最有感的，就是很多找工作的流程也都轉成線上。關於遠距工作的面試流程與注意事項，以下有三大關鍵向大家細細道來。

1、充分的準備，除了面試本身還要把設備準備和確認好

「哈囉！好像有點卡，你聽得到我嗎？」

「嗯⋯你的視頻好像凍結了⋯⋯」

「不好意思，你之前說的幾句沒有聽到，可以請你重複一次嗎？」

相信這幾句話你已經聽過很多次了，一個順利的遠距工作面試，除了工作本身內容

的準備之外，不管是利用視訊的方式，還是利用電話的方式，或者是其他線上方式，穩定的網路、清晰的聲音及畫面，三者皆不可少。網路的速度太慢或是不穩定，會讓遠距面試過程斷斷續續，你自己所使用的電子設備，不管是手機、筆記型電腦還是 iPad，還有配件，例如耳機、無線藍牙耳機，麥克風……等，都必須要在遠距面試前進行反復測試，確認好設備本身是沒有問題的。還有，必須要提早下載遠距面試所需要用到的相關軟體或是 APP，如果因為遠距面試之前，沒有把各項設備準備好，而造成面試中斷的情況，即便是當時面試官同情你理解你，也會留下一個沒有充分準備的扣分印象。

2、完整的儀式感，面試就要正正式式注意儀容和空間整潔

遠距面試時，面試者與面試官在幾個不同的地理位置，有很多面試者會選擇在家裡進行遠距面試，但是這並不代表你就可以以隨便的心態來面對。遠距面試跟一般我們在公司企業裡面試是一樣正式的，尤有甚者，你除了需要注重自己的儀容之外，還要注意面試時被攝空間的整潔。我有一位人資朋友 Pete 跟我分享過，他見過許多候選人在遠距面試的時候，容易出現服裝儀容邋遢、房間背景髒亂、還有面試的心態沒有調整好就進入面試狀態，這些狀態對於人資來說是非常扣分、馬上就會淘汰出局的。還有，Pete 也曾分享過，他遇過一個前來求職的遠端面試者，除了衣著和妝容都得體外，整體的畫

面讓三位面試官都感覺非常整潔舒服，面試結束的時候，其中一個面試官讓受試者（候選人）知道，他的線上面試畫面讓三位面試官都感覺很好，而這個候選人也順勢說他為了準備這場面試，把自己的房間整理了很多次，而且反覆練習線上回答問題。我想，這個候選人的錄取機會已經大大增加了。

3、熟練的線上溝通，要習慣在電子產品面前表現自己

人跟人之間面對面的溝通、人與人透過電子產品進行溝通，還有人跟電子產品之間的單向溝通，都是不一樣的。有很多人在面對面的表達以及溝通，是非常順利沒有阻礙的，可是通過線上電子產品的方式，就沒有辦法百分之百的把自己想要溝通的內容完整的表達出來。像我之前經歷過單向的線上視頻面試，也有可能會出現尷尬到不知道眼神要往哪裡看，以及表達能力打折的狀況。所以對於遠距面試，熟練的線上表達能力是關鍵，建議大家可以利用自己的手機或電腦，在遠距面試前充分反復的練習，幫助減低溝通不良、表達不順暢的程度。

薪資級距及支薪方式

遠距工作的薪資，是看工作產業以及工作的性質而定，現在因為遠距工作越來越普及，所以遠距工作也能達到很高的薪水，讓你在世界各地都能享受高薪。

我一個在台灣遠距工作的好姐妹 May，為法國一家國際諮詢公司遠距工作近二年，她的公司為了要付她每個月的薪水，要求她在台灣設立一家個人公司。一開始她完全沒有任何相關經驗，所以收到這個消息的時候很不知所措，也為此困擾很久。後來她一一克服走完全部行政手續，也瞭解了相關的細節。以下我將透過她的經驗再加上我的遠距工作經驗，將遠距工作支薪的方式分別說明，希望為即將踏入遠距工作的新鮮人提供實質的幫助。

1、透過 PayPal 或是其他的跨境支付平台

透過 PayPal 或是其他的跨境支付平台支付薪資的好處是方便快速，但是要負擔較高額的手續費，而壞處是對遠距工作者比較沒有保障，需要仰仗雇主的良心和企業體制。

2、如果是受僱於美國公司，遠距工作者必須簽署 W-8 Ben[1] 表格

這就像是投資買賣美股，向海外券商申請開戶時，就會有一份 W-8 Ben 表格需要簽署，如果不簽就無法開始買賣美股。相關手續完成後，位於美國的公司即可定期匯款至台灣個人帳戶。這種方式很方便，而且個人海外所得六百七十萬以下不需繳稅，對於高薪一族是很好的選擇。

3、透過薪酬外包公司，進行 EOR[2] 或是 PEO

其實早在遠距工作盛行之前，全球搶人才大戰早就開打，全球雇傭服務的產業也越來越蓬勃。這類型的公司，是為世界各地的企業提供雇傭人才方面的服務，當然也包括支薪。如果公司希望在世界各地快速擴張業務，但不想要在公司註冊等事項上花費大量金錢和時間，進行 EOR 名義雇用，是一個很好的選擇，這樣公司就無需在當地建立業務實體，卻可以招攬當地人才，而且不會擔心不符法規的問題。這個方式雖然可以提供遠距工作者很好的保護，但是費用很高昂。

4、在台灣設立一家個人公司，以公司的名義發帳單（invoice）給國外公司，國外公司再匯款至自己的台灣公司銀行帳戶

匯款手續費由國外公司負擔或是視合約而定，自己須負擔台灣銀行的手續費。這種方式需要記帳，且需要報營業稅。因為是個人公司，所以每年要申報公司營業所得稅，可以選擇自己處理，也可以請專業的會計師處理，如果是以這樣的方式來支薪，建議談薪水時，也要將個人公司營運的成本納入薪水範疇。

註1 W-8 Ben 表格，全名是：Certificate of Foreign Status of Beneficial Owner for U.S. Tax Withholding，就是：美國預扣稅實益擁有人的外國身分證明，簡單來說，W-8 Ben 表格就是：「幫你證明你不是美國人，適用非美國人稅率。」

註2 EOR 是 Employer of Record 的縮寫，中文翻譯為「名義僱主」，顧名思義，就是這個僱主不是你真的僱主，只是幫助你真實僱主在你所在的地方負責承擔僱傭合約風險的僱主。

註3 經濟部開辦企業相關資訊：https://onestop.nat.gov.tw/oss/web/Show/formDownload.do

Joyce遠距工作悄悄話

進行遠距工作是一件非常讓人興奮的事情，也是順應目前全球職場發展的潮流。但是在遠距面試、遠距工作薪水、還有如果你人在台灣，可是你的雇主卻遠在國外的其他地方，那這樣的情況之下你要如何確保雇主會每個月如期的支薪給你，這些都是能夠順利遠距工作不能缺少的關鍵。前述第四個選項「在台灣設立一家個人公司」看似手續繁雜，自己要處理的事項非常的多，但是如果你在前期做好準備，完整的把該注意的行政程序都完備之後，會大大的提升你遠距工作的順暢度。

遠距面試八大禁忌

「老闆叫我不用來了，無限期放無薪假。」Libby很擔憂的在臉書給我留言。

「啊！怎麼會這樣，好突然哦！」我在中午休息的時候趕快回覆她。

「COVID-19呀！好多咖啡館都被迫停業或只剩外帶，不需要這麼多服務生了。我的經濟來源馬上就沒有了，不知道該怎麼辦？」Libby很傷心的繼續說。

「你知道現在有很多公司正在招線上助理（Virtual Assistants）的工作嗎？要不要試試看？你的工作經驗還是很豐富的。」我鼓勵她。

疫情爆發以來，許多的國家都開始面臨職場大洗牌，以及行業大調整。

許多服務業陣亡，或是業績大受影響，也有很多都在被迫「數位轉型」，連Twitter都說，即便疫情退去，想要在家工作的員工可以繼續在家工作，也就是說，遠距工作的模式會持續發展下去。

如何找到一份遠距工作，已經變成許許多多人共同的追求。而如何成功通過遠距面試／線上面試，也變成求職者與面試官的共同挑戰。

我有一個設計師粉絲說，她目前人在加拿大，本來是打工度假，全職在咖啡館裡工作，偶爾接案做設計。但咖啡館因為疫情被迫只剩外帶服務，沒有堂食，現在咖啡館的工作沒了，所以老闆大砍員工人數，她也失業了。

雖然她很積極的找遠距工作，但是始終沒有什麼進展，好不容易有了線上面試的機會，但就是沒有辦法順利通過。

以下我們就來詳細分析遠距面試的八大禁忌，還有目前因為疫情籠罩的職場環境下，面試官一定會問的四個問題，幫助想要開始遠距面試的人，順利開展遠距工作。

以下這八件事，請你在遠距面試時千萬不要做

✕ 只穿半身正裝也沒有正式妝容

很多人覺得反正是線上面試，打扮的時候只要「半套」就好，也就是上半身很OK，但是下半身就隨便了……。其實這樣會有二個缺點，第一、你在面試時的心理狀態沒有完全調整好，雖然是線上進行面試，但也是很正式的，應該要很認真的對待，就如同傳統面試一樣，該化妝就化妝，該穿正裝就穿正裝，不能有「半套心態」；第二、如果在面試的過程中，你很忘我地站起來拿個資料，或是做其他的動作，當你只穿半套，那下半身就穿幫了，不僅尷尬，而且會給面試官留下不好的印象。

✕ 不和家人溝通不鎖房門

在進行遠距面試的時候，候選人的家裡是一個很常見的場所。你很有可能是在自己的房間裡，由於是在自己家裡，通常我們不會去鎖房門。在此建議大家，若是在家裡進行遠距面試的話，首先要和家人溝通，告知他們你在某個時段要進行線上面試，請他們理解配合，不要在這個時候進來你的房間。最好是把房門鎖上，避免家人忘記。如果線上面試時，家人跑來跟你說家裡的事情，進進出出你的房間，不僅會打斷你面試的節奏，

如果碰到很嚴肅的面試官，可能道歉解釋也加不了分，得不償失。

✕ 不建議使用虛擬背景

有很多的線上會議軟體，都有虛擬背景（Virtual Background）的功能，一來是保障你的隱私，不讓對方看見你所在的地方，二來也可以解決家裡亂糟糟的囧境。但是依據我的經驗，第一次和面試官線上見面，最好還是用真實背景，因為你的開場白就可以聊聊你現在在哪裡進行面試，這是一個可以輕鬆開啟的話題，在正式的面試前，可以緩解一下你的緊張。此外，如果你第一次線上面試就使用虛擬背景，會有點「此地無銀三百兩」的感覺，好像你在說你家真的很亂。其實背景只要是牆壁，或是門也可以，簡單整潔就是王道。

✕ 不要在很吵雜或網路訊號不穩定的場所面試

有些人會選擇在咖啡館或是戶外進行遠距面試，這個選項不是不可以，但是要注意二點，第一、不能有很多的背景雜音。嘈雜的環境，不僅使你無法專心，面試官在電腦的另一端也會被雜音所干擾；第二、一定要確保網路訊號是穩定的。如果網路不穩定你可能會白白喪失一次寶貴的線上面試機會，或許需要請求面試官重新安排時間，但並不是每一個工作機會都會因為「技術問題」而等你。

✕ 遠距面試前不留時間

傳統面對面的面試，通常面試者都會提早到面試場合，但是線上進行面試，很多人都會覺得少了交通的時間，那就不用在面試前預留時間，這是很大的錯誤。我有一個人資的朋友說，有一次安排線上面試的面試者，時間到了，Zoom 打過去，她人還在外面，沒到定點，也沒有道歉，好像理所應當，這是很大的減分。

✕ 用手機進行遠距面試

手機雖然很方便，但是真的不建議你使用手機進行線上面試。我一個在加拿大遠距工作的人資朋友跟我說，他遇到幾個面試者，用手機來進行線上面試，但是沒有使用固定的架子，鏡頭搖搖晃晃不說，面試從頭到尾，他只有看到面試者的半個臉。而且如果你一隻手要拿手機，在講話的時候可能會面臨肢體不協調的情況，看起來很不自然。假如面試官要求使用 Facetime 或是 WhatsApp，也建議把手機放在可以固定的架子上面。

✕ 不看鏡頭沒有 Eye Contact

我們在面試的時候，有適當的眼神接觸（eye contact）是很重要的，這會讓面試官對你留下比較深刻的印象。雖然在遠距面試的時候，因為是透過線上的模式來進行，比較不容易有一般面對面的眼神接觸，但是還是要注意這一點，儘量提醒自己不要只看螢幕，而不看鏡頭。

✕ 不熟悉面試軟體或是手機應用

遠距面試大致分成二類：一種是面試官和面試者同時在線上進行面試，也就是我們常說的 online interview；另外一種是面試者以錄影的方式，把面試問題口述，然後面試軟體會錄下來，完成後發送回公司等待面試官觀看評估，這樣的方式叫做線上單向影音面試（one-way online video interview）。常見的面試軟體有 Zoom，Skpye，Sonru……等，手機常用的軟體有 Facetime, WhatsApp, WeChat……等。不管是用哪一種方式，如果你事先不熟悉，肯定會減低線上面試的成功機率。

疫情下求職面試官必問的四大問題

1、如何排解疫情下工作的壓力？

疫情令全球經濟發展增添很多變數，目前職場充滿不確定性，每個人都面臨不同的壓力，僱主會希望多瞭解求職者在目前的狀況下，如何排解壓力，幫助自己減壓。如果是帶領團隊的職缺，也要瞭解你會如何協助團隊成員減壓，藉此瞭解求職者的抗壓性，還有面對問題、解決問題的能力。

2、對於工作形態的轉變你可以適應嗎？

在全球疫情大爆發前，大多數的人都是以傳統在辦公室上班的工作模式進行工作。而在疫情蔓延後，許多人開始第一次接觸遠距工作／線上工作／在家工作，很多人會面臨適應不良的情況。所以面試官會想知道你在面對變動和新的工作模式時，應變和適應能力如何，以及在新的工作模式下，你如何有效和團隊溝通。

3、在新的工作模式下如何保持動力和效率？

雇主時常會擔心的，就是員工在家工作，沒有了主管的監督，也沒有一起工作的團隊感，工作的進度完全靠自律，是否能夠達成預定的工作目標。所以面試官會問你如何證明你可以保持工作的動力和效率。建議你要準備幾個實例來說明自己的自律與工作能力。

4、能告訴我們目前你線上工作／遠距工作／在家工作的環境嗎？

在傳統的工作模式下，面試時大多是面試者詢問公司辦公室的環境。相對的，遠距工作很多雇主也都會想要瞭解，你有沒有合適的遠距辦公環境，有沒有一個設備完善的工作空間？你需不需要照顧孩子或是寵物？如果要，你會不會因為孩子或寵物分心？

遠距工作面試其實可能比面對面的面試還要挑戰，因為減少了很多眼神、肢體語言溝通和理解的過程。非常建議大家在準備遠距面試前，多多練習面試官可能會問的問題，增加語言流暢度，這樣會在遠距面試中大大加分哦！

六十個全球熱門中英文遠距工作職缺平台大彙整

「我超級想要進行遠距工作的，但是我卻不知道有哪些人力銀行網站專門提供遠距工作？」Zina 很苦惱的說著。

「我也有同樣的感覺，我覺得遠距工作是散落在不同的人力銀行網站上面，甚至在 LinkedIn 上面搜尋也常會有遺漏，不知道要輸入什麼樣的關鍵字。」Melissa 同意的繼續說著。

「我發現現在澳洲最大的人力銀行網站 Seek.com 開始有一個 Work From Home 的專區，也就是遠距工作的專區，可是這也是最近在疫情之後才開始設立的。」Harry 接著說。

遠距工作越來越常見，知名 Google、Amazon 還有 Facebook 都持續釋出大量的遠距工作職缺，Twitter 更是已經宣布即便在疫情結束之後，員工仍然可以持續（在家，Work from Home, WFH）遠距工作。其實，電腦大廠 Dell 早在二〇一七年就針對企業內部進行了調查，發現有近六成的員工，每週至少有一天是進行遠距工作，雖然整體企業支出的成本並沒有明顯下降，但是員工滿意度卻有顯著的提升。

因為疫情關係，大部分的遠距工作地點是家裡，因為能充分獲得工作地點的自由，工作時間彈性，另外也節省下通勤時間和花費。由於不用每天舟車勞頓，很多人明顯的感受到睡眠品質提升，而節省下來的時間可以轉化為健身或是其他家庭生活。除了員工的個人感受外，根據許多的企業調查顯示，遠距工作可以提升整體企業的產值，也能降低員工離職率，也因為不受空間限制，更有機會招攬到全球頂尖人才。當然，這股趨勢因為疫情而催化它的發展，慢慢深入台灣的職場。

因應這股新工作潮流，有越來越多的遠距工作職缺在各國職場如雨後春筍般不斷冒出來，想嘗試遠端工作的你該從何找起呢？以下六十個全球中英文遠距工作職缺平台一覽，是目前最全面的遠距工作職缺平台大彙整，我非常有信心，也相信你一定能從這裡找到心儀的遠距工作，成功踏入遠距工作圈。

繁體中文市場遠距工作職缺平台		
1	Yourator 職缺	https://www.yourator.co/
2	CakeResume	https://www.cakeresume.com/jobs
3	Slasify	https://slasify.com/tw/
4	Remote Taiwan Community 遠距工作台灣社群	https://www.facebook.com/remotetaiwan/
5	Work Remotely in Taiwan 遠距工作者在台灣	https://www.facebook.com/groups/1190343134374259/
6	Glints	https://glints.com/tw/
7	Meet.Jobs	https://meet.jobs/zh-TW
8	PTT Job 版	https://www.ptt.cc/bbs/job/index.html
9	打工趣	https://worknowapp.com/
10	HKese	https://hkese.net/
11	CakeResume	https://www.cakeresume.com/jobs
簡體中文市場遠距工作職缺平台		
12	遠程客	https://yuanchengke.com/
13	電鴨社區	https://eleduck.com/
14	一早一晚	https://3cwork.com/
15	猿急送	https://www.yuanjisong.com/
16	遠程 .work	https://yuancheng.work/
17	程式師客棧	https://www.proginn.com/
18	碼市	https://codemart.com/
19	無涯	https://www.wuya.work/
20	小蜜蜂雲工作	https://www.xmf.com/

歐美市場遠距工作職缺平台		
21	We Work Remotely	https://weworkremotely.com/
22	FlexJobs	https://www.flexjobs.com/
23	Working Nomads	https://www.workingnomads.co/jobs
24	Upwork	https://www.upwork.com/
25	Freelancer	https://www.freelancer.com/
26	Power to Fly	https://powertofly.com/
27	Remote OK	https://remoteok.io/
28	Remoteur	http://www.remoteur.com/
29	Angel List	https://angel.co/
30	Remote Work Hub	https://remoteworkhub.com/
31	Jobs Presso	https://jobspresso.co/
32	Workfrom	https://workfrom.co/
33	Just Remote	https://justremote.co/
34	Virtual Vocations	https://www.virtualvocations.com/
35	Spik the Drive	https://www.skipthedrive.com/
36	Europe Remotely	https://europeremotely.com/
37	StackOverflow	https://stackoverflow.com/
38	Vue Jobs	https://vuejobs.com/
39	Pangian	https://pangian.com/
40	Dribbble	https://dribbble.com/
41	Authentic Jobs	https://authenticjobs.com/
42	Remotive	https://remotive.io/
43	The Muse	https://www.themuse.com/

澳洲紐西蘭市場遠距工作職缺平台		
44	Seek	https://www.seek.com.au/remote-jobs https://www.seek.co.nz/work-remotely-jobs
45	Indeed	https://au.indeed.com/Work-Remotely-jobs
46	Remoters	https://remoters.net/jobs/companies/australia/ https://remoters.net/jobs/companies/new-zealand/
47	Adzuna	https://www.adzuna.com.au/remote
48	Jora	https://au.jora.com/Work-Remotely-jobs-in-Australia https://nz.jora.com/Remote-jobs-in-New-Zealand
49	Glassdoor	https://www.glassdoor.co.nz/Job/remote-jobs-SRCH_KO0,6.htm
50	Career Jet	https://www.careerjet.co.nz/remote-jobs.html
51	LinkedIn	https://www.linkedin.com/jobs/work-remotely-jobs/

日韓市場遠距工作職缺平台		
52	Yosomon	https://yosomon.jp/
53	Jooble	https://jooble.org/jobs-full-time-remote/South-Korea
54	Ziprecruiter	https://www.ziprecruiter.com/Jobs/Korean-Remote
55	Remote Work JP	https://remotework.jp/
56	Furusato-Kengyo	https://furusatokengyo.jp/
57	Work for them	https://workforthem.com/search?q=Seoul,%20South%20Korea

遠距工作獵頭出沒平台		
58	Distant Job	https://distantjob.com/
59	Crossover	https://www.crossover.com/
60	LinkedIn	https://www.linkedin.com/

在眾多的平台中，我個人最喜歡也最推薦的遠距工作平台如下：

1、We Work Remotely

這個全球最大的遠距工作職缺平台，每個月有超過二百五十萬的訪問量，也有超過十三萬的長期付費公司用戶，也是遠距工作最大的社群。其中有眾多種類的遠距工作，包括：程式設計、設計、文案、商業管理、財務、資訊技術、產品、客服、市場行銷、銷售……等，企業或個人只需支付每月二百九十九美元的費用，即可發布招聘資訊。

2、Working Nomads

Working Nomads有十五大類遠距工作職缺，職缺內容非常豐富。這個平台把遠距工作的專業人員與提供獨立職位的創新公司聯繫起來，創造了很多不同的工作機會和發展可能。除了有程式設計等技術相關職缺外，還有很多例如：管理、行銷、行政、設計、寫作、教育和金融……等遠距工作。

3、PowerToFly

Power To Fly在遠距工作職缺平台裡是很特殊的，因為它專注於為女性提供相應的高科技自由職業還有遠距全職工作。使用者加入人才庫後，經過審核，然後獲得對應的「帶薪試用」，經過二至四周的試用期確保雇傭雙方都滿意後，可以正式進行工作。這家公司由兩位完全不懂科技的媽媽創立，她們致力於協助求職者做好準備，把遠距工作夢變成現實。這是我最愛的一個遠距工作職缺平台，以女性視角出發，有很多在這邊的遠距公司的工作都會考量到女性員工的需求。這個平台會定期舉辦線上徵才博覽會，如果有興趣的朋友可以定期關注哦。

4、Upwork

Upwork 是一個全球領先的自由職業者平台。隨著每年在 Upwork 上發布數百萬份工作，每年自由職業者通過網站賺取超過

Upwork 會向自由工作者收取服務費，
首次收入在 $500 時收取 20%，
$500 以上和 $10000 之間收取 10%，
超過 $10,000 的收取 5%，
也就是你賺越多她們的服務費越低的架構。

十億美元的收入，並為各企業提供超過三千五百種技能。

5、Dribbble

Dribbble是一個設計師社群，是很多平面設計師、插畫師、圖示藝術設計師、標誌設計師和其他創意類型人員的共用平台。Dribbble曾幫助包括蘋果、Airbnb、IDEO、Facebook、Google、Dropbox、Slack、Shopify、Lyft在內的全球最優秀的公司媒合設計團隊，並幫助他們聘請專業創意人員，對於設計方面的人才是一個非常好的平台。

相信我，遠距工作可以是很高薪、很國際、很有趣，除了自由職業者可以讓自己的客戶突破地域限制、在各國發展外，全職遠距工作者也可以實現不離開台灣而進行國際工作。這樣聽起來也許很酷，但是要注意，從傳統工作模式轉化到遠距工作是一個學習和適應的過程，要把每一步都走穩了，尤其是要懂得自律，才能享有高度的工作自由和生活方式。

Joyce提供了六十個全球中英文遠距工作職缺，等著你去發掘屬於你的遠距工作機會，所以你不要和我說你找不到哦！有時候你會發現，人對於職場的發展可能，就是一瞬的轉念，如果你一直覺得某件事情不可能，你可能就會一直停留在「只敢想，不敢做」的狀態，但是一旦你的頭腦打開了，你的心也就能接受不同的發展機會，你先「相信」了自己，才有可能往前走下去。這樣的道理完全適用於從傳統上班工作模式轉變到遠距工作模式。

遠距工作對工作者影響

(Owl Labs, 2019)

- 81% 認為讓他們更快樂
- 82% 認為感覺自己更被信任
- 82% 認為讓他們更容易面對工作與生活間衝突
- 81% 認為使他們更願意推薦公司給朋友
- 80% 認為壓力減輕
- 74% 認為降低他們想要離開雇主的意願

遠距工作的未來

在未來的職涯中，你是否會希望遠距工作(至少部分時間)？

State of Remote Report 2020
buffer.com/state-of-remote-2020

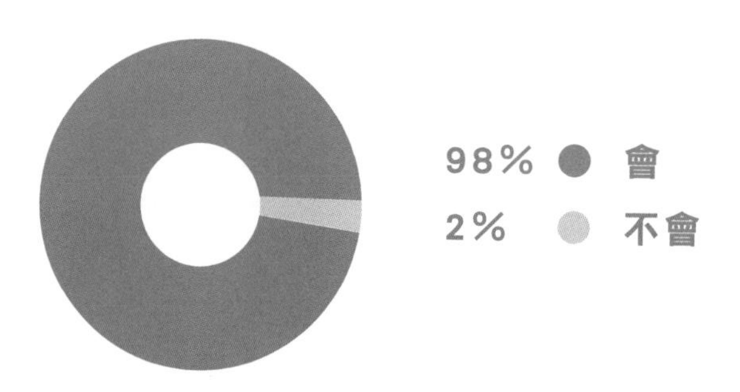

六個方法面對遠距工作挑戰

「疫情變得嚴重之後，我都在家裡工作，大概已經有半年了。一開始的時候覺得非常新奇，後來覺得可以兼顧更多私人生活，也省下了很多生活開銷，例如：停車費、每天早上買咖啡的錢、還有中午在外吃中飯的錢……，感覺非常的好，可是到了第四個月以後，慢慢覺得自己工作和生活的界限愈來愈模糊，讓我覺得很倦怠，工作也變得提不起勁，而私生活方面，也會覺得休息得不徹底。」Todd 在電話上說。

「我完全懂你的意思，我也有工作和生活界限已經完全交融在一起、很難分割清楚的感覺，以前在辦公室裡上班就是上班，在家裡大多數就是休息和自己的私人生活，現在的工作跟生活模式是我們從來沒有經歷過的，所以我想我們都需要很多的時間去調適。」

我和 Todd 分享對於遠距工作的感想。

疫情未在全球大爆發之前，許多遠距工作者可以在不同的工作地點移動；有時候是在自己家裡；有時候在自己習慣的工作空間（co-working space）；有時候在自己覺得舒適且干擾較少的咖啡館，有時候可能會來一場說走就走的旅行，到另外一個國度進行工作。

同時，在疫情之前人與人之間的互動、接觸和交往，並沒有這麼多的限制和擔憂。但是，現在在疫情之下，工作場所絕大多數都是自己的家裡，而這種狀況就會為遠距工作，帶來很多的挑戰。

孤獨感、工作協作與溝通，雙雙並列為第一大挑戰

許多國家在第一波疫情之後，又爆發第二波甚至是第三波疫情，導致許多企業延長實施在家工作措施，遠距工作也就成為目前全球職場新常態（New Normal）。根據知名企業社交媒體管理服務公司 Buffer，在今年發布的「二〇二〇遠距工作狀態」（The 2020 State of Remote Work）調查，對於全球三千五百位遠距工作者進行訪查，其中有九十八%的受訪者希望在未來可以持續維持遙距工作，九十七%的受訪者則表示會向其他人推薦遠距工作的優點。調查也同時發現，遠距工作中大家普遍會遇到的六項挑戰，

其中排名並列第一的就是：遠距工作中的孤獨感以及工作協作與溝通。

溝通專家麥拉賓（Albert Mehrabian）的「7-38-55」人際溝通法則指出，雙方互動的情緒影響，七％的來自於我們使用的文字，五十五％來自於肢體語言，剩下的三十八％則來自語氣跟說話的節奏。在遠距工作當中，如果完全透過線上的方式來進行，除了七％的文字以外，剩下占比高達的九十三％的語速跟肢體語言，是完全應用不上的，所以遠距工作中的工作協作與溝通真的是最大的挑戰之一，一點都不意外。

再說到關於遠距工作中的孤獨感，這項挑戰也是正在進行遠距工作的人每天都要面對的。當我們在辦公室工作的時候，有很多與同事互動的機會，早上進辦公室互道早

遠距工作的挑戰

State of Remote Report 2020
buffer.com/state-of-remote-2020

- 工作協作與溝通 20%
- 孤獨感 20%
- 難以從工作中抽身 18%
- 家中的干擾 12%
- 與團隊成員有時差 10%
- 維持工作動力 7%
- 休假時間 5%
- 找到穩定的Wifi 3%
- 其他 5%

安、一起買咖啡聊聊天氣和新聞八卦、中午一起午餐，看看對方帶的飯盒裡是什麼好吃的家庭料理、下班的時候跟大家說今天辛苦了明天見……等。在疫情之前，我們不會去思考這些互動對我們有什麼特別的意義，但是疫情之下，大家都改在家裡辦公，缺少了與同事之間的互動，我們才發現這些人與人之間的交流有多重要。事實上，在世界各地的監獄裡，單獨監禁（Solitary Confinement）也是一種懲罰犯人的方式，根據《美國精神病學和法學雜誌》的報導，單獨監禁會導致一系列精神障礙。

大家千萬不要誤會，我當然不是把單獨監禁跟遠距工作來做比較，而是想要凸顯孤獨感對於一個人的身心健康是有非常大的影響力的。對於工作效率、工作成就感、工作與快感……等都會產生影響，對我們的私生活也會造成負面影響。所以如何面對遠距工作中的孤獨感，是每一個遠距工作者需要面對並學習調適的。

以下八個方法，可以幫助你克服遠距工作常見的挑戰，讓你在家不耍廢，一個人工作不孤單，更積極有效率地完成工作。

1、人生需要儀式感，遠距工作也要滿滿的儀式感

人是慣性的動物，我們每天在上班之前刷牙、洗臉、吃早餐、挑衣服、化妝，然後出門、買咖啡、搭捷運，再和辦公室同事說早安……，這一系列的生活作息，都是在幫

助我們的大腦很快的進入工作狀態，也就是我們每天日常的「儀式」。

而遠距工作，尤其是主要工作場所是在家裡的時候，最大的挑戰就是如何展開一天的工作，維持工作的步調，讓大腦可以很快的進入狀況。我想很多人都會陷入在家工作的誤區，覺得在家工作非常的自由，不用再像之前在辦公室上班的時候要注意妝容和穿搭，甚至在休息區（臥室或是沙發上）辦公就可以了。其實這樣做的話，你就是在混肴大腦對於工作和休息的區分，長久下來很容易失去生活跟工作的界限，工作會變得沒有動力，休息得也不夠徹底。

所以說，第一件要做的事情就是讓生活作息依然有規律。例如在該上班的時間起床、刷牙洗臉並穿好衣服，不用完全的正裝，但是絕對要把睡衣換掉，甚至有時候可以畫一點淡妝，這不僅是能讓自己看起來有精神，更重要的是能夠協助大腦切換到「工作模式」，如果能夠建立良好的遠距工作日常作息，那麼長久下來，也能幫助提高工作動力與效率。

2、儘量保持與團隊成員在一樣的時區上班

在遠距工作的時候，如何儘量保持與團隊成員在同樣的時區上班是非常重要的。有些完全遠距公司在釋出遠距工作職缺的時候會標明，這個員工可以在世界上的任何一個

城市，但是上班時間必須至少有五個小時是在某個特定時區，以便和團隊成員進行工作協作、便於工作溝通。有些遠距工作甚至會規定要在美東時區、歐洲西部時區……等的人才可以申請。

即便都在同一個城市或是同一個時區裡進行遠距工作，也必須儘可能跟團隊成員的工作時間保持一致。當然，遠距工作的好處之一，就是可以保持工作時間的相對彈性，但是如果工作內容是需要跟團隊成員一起完成，也需要定時的回報主管目前的工作進度。所以儘可能有一致的工作時間，對於團隊整體溝通以及工作效率來說，是非常關鍵的。

另外，遠距工作者也需要提醒自己，遠距工作的工作地點雖然不在辦公室，但還是在工作。每天的作息：固定時間起床、上班、午餐和下班都應該有一定的規律，如果可以保持跟團隊成員在同樣的時區上班，也可以維持每日作息的規律性和穩定度。

3、養成線上打招呼的習慣，與團隊保持每天聯繫，並建立定期線上社交活動

即便你沒有跟自己的團隊每天面對面互動，但卻可以透過每天線上打招呼、簡短的寒暄、工作空閒時聊聊最近看的電影……等互動，來保持自己和同事、主管心理上的聯結，這是遠距工作必不可少的習慣。

即便你是一個人在家工作，相信還是有非常多的工作事項需要跟同事討論，也需要跟老闆回報進度。所以千萬別省略每天跟團隊成員打招呼的習慣，因為這樣子在心理上就可以保持整體團隊互動的熱度，不參與的人很快就會成為線上邊緣人，也會對遠距工作的孤寂感，感受更加的強烈。

還有非常重要的一點是，在進行遠距工作的時候，你必須跟主管保持聯絡，維持「線上存在感」。我們在辦公室工作的時候，都會設定每週或是隔幾天就要向主管回報我們目前手上工作的進度，遠距工作也是一樣的，你要跟主管形成規律溝通的默契，以及安排於每週一次或是每隔幾天就要有電話或視訊工作會議。和同事之間也是一樣的，可以安排固定的時間一起討論工作進度，還有，每天（上線）上班，和（下線）下班都記得要與主管和同事打招呼，以建立更順暢的團隊溝通，跟你的線上存在感，這樣可以讓團隊工作起來更順暢，互信度更高。

若你是遠距工作中的主管，則需要設定固定時間的視訊會議機制，有時候也不用很刻板的工作會議，可以比較輕鬆的形式例如 online coffee time，大家在線上一起喝咖啡聊工作，不管是怎樣的形式和氣氛，都需要有這樣的機制來確保團隊成員的工作進度、工作方式、工作成果，以及一起商討遇到的困難。身為主管，有責任確保整體團隊的工作進度是否順利進行，**有效的機制安排會增進團隊溝通也會提高信任度，而不會因為**

「遠距」而導致工作進度落後，或因為「低存在感」而產生焦慮與擔心。

許多研究證明，人與人之間的社交活動可以讓情緒正向發展，而且對於工作生產力的提升也大有幫助。因此，在遠距工作中，我們也要安排虛擬聚會。以我自己的團隊為例，我們固定在每週五下班後，會安排一個「Virtual Pub」（虛擬酒吧）的時間，讓同事們可以線上相聚，但仍有幾個規則需要大家共同遵守：

- 不能聊工作的事情
- 一定要喝非水類的飲料
- 一定要開啟影像讓同事看到你

哈！是不是跟你想的不一樣。另外，我們還有「搞笑週一」，就是在每週一線上協作軟體裡，團隊成員要跟大家分享一些好玩有趣的事情，以排解憂鬱的星期一（Blue Monday）；「週三分享你的午餐」，每週三我們有個午餐投票活動，看看誰的午餐最美味。設定這樣固定的社交活動，就像平常在辦公室裡工作時在茶水間巧遇同事，隨意聊幾句是一樣的，如此不但可以增進團隊成員之間的互動，也可以為生活帶來一些樂趣跟笑點。

另外很重要的是，團隊需要有共用的行事曆，讓彼此知道每個人的工作排程，以便確保同事們在不被打擾工作的情況下，進行定期、適度的社交活動來減低遠距工作的孤獨感。

4、硬性規定自己要建立一個專屬的工作區域

人很容易受到周圍環境的影響。當我們走進辦公大樓的時候，我們會被上班的氣氛感染；當我們走進圖書館的時候，我們會主動降低說話的音量；當我們在健身房的時候，就會被身旁的健身達人們鼓舞……這個舉例還可以一直寫下去。所以，我們在遠距工作的時候，也需要硬性規定自己必須要建立一個專屬的工作區域，找到一個最能讓自己專注工作的空間。

如果你遠距工作的主要場所是家裡，建議可以將書房或是家裡一個特定的區域規劃成工作空間，並且要規定自己儘量固定在這個區域工作。長時間下來，才可以養成一進入那個區域，大腦就會切換成工作模式的習慣，讓自己更快的進入工作狀態。這跟我們之前進辦公室上班，一進到辦公大樓裡面，你就會有一種開始要工作的感覺是一樣的。如果遠距工作的主要場所不是家裡，還是要注意哪個環境最能讓你專心，哪個環境最能讓你很快的進入工作狀態。

在家裡設置一個專門工作的區域，主要的目的就是要讓自己可以專心工作，不會因為家裡其他因素的干擾而分心，利用環境對人的影響來督促自己，到這個區域就是要「工作」。在家裡工作的時候，不一定非得待在書房，或是某個房間裡面，其實家裡任何適合的角落都可以。但是要記住幾個重點，工作區域要儘量選擇冷色調的燈光，才能保持工作的專注度。此外，不管是否在一個特定的房間裡面，一定要有一張專屬的工作桌，把所需的工作工具都集中在一處。規劃工作區域可以儘量選擇靠近窗戶，因為自然光能降低長時間工作對眼睛造成的傷害，也可以讓心情保持穩定。

此外，如果你是跟家人、愛人、室友一起共同使用家裡的工作場所的話，或是家裡同時有好幾個人進行遠距工作，那麼「工作區域劃分」需要達成共識，互相尊重。

5、窩在沙發、躺在床上、不刷牙洗臉、不定時吃飯、久坐不活動都是大忌

遠距工作常常會造成很多誤解，就是遠距工作很爽，很自由，隨便什麼時候上班都可以，睡到自然醒也沒關係，其實這些都是遠距工作的大忌。如果遠距工作的主要工作場所是家裡，沒有建立良好的生活和工作作息的話，在家工作真的很容易不小心變成：沒有時間觀念、時常睡過頭、起床不刷牙洗臉、直接在床上開始工作、不換衣服不洗澡、活動範圍大大縮小，然後久了就變成「在家耍廢」，而不是高效的遠距工作。

事實上，能夠高效地在家辦公的資深遠距工作專家們都建議，躺在床上工作、窩在沙發上工作、不刷牙洗臉、不定時吃飯、久坐不活動……都是遠距工作的大忌，除了對身體健康造成負面影響之外，這樣也非常難專心工作，無法保持工作動力，生產力也會降低。

維持生活的規律是遠距工作成功者必不可少的要件。每一個遠距工作者，尤其是在家工作的遠距工作者，確保doing the right things at the right time，在對的時間做對的事是維持高效工作產出的核心。

根據美國心理學協會的研究顯示，在居家隔離期間，保持日常的規律有助於建立秩序感與成就感，而這個道理也同樣適用於在家工作。建立規律的日常作息，並依照正常的時間起床、工作、休息、吃飯、洗澡和運動，也可以利用一些專門安排時間和作息的App來提醒自己什麼時間該吃飯、什麼時間該起來走一走。在家上班時，無形中少了很多活動的機會，例如：上下班通勤、從自己的辦公室走去會議室、出辦公室買咖啡、到其他同事的辦公室串門子、出門買午餐……等等。如果沒有好好的提醒自己，在家工作真的很容易在無意識的情況下久坐不起，對於自己的頸椎、腰椎以及整體的健康，也是一種傷害。

6、時間到了，就要停止工作，別忘了提醒自己「下班」嘍！

遠距工作的另外一個挑戰就是，你的工作和你的生活彷彿交融在一起，兩者之間的界限變得不是那麼的清晰，不像我們在辦公室上班的時候，有非常明確的上下班區分。遠距工作，尤其是主要工作場所是在家裡的人，其實很容易「忘記下班」。當你的工作繁忙，同時有好多個「截稿時間」的時候，你的同事和主管也不在身邊，沒有人提醒你工作進度，也沒有人提醒你要下班，很容易就會不小心加班過頭，延長工作時間。

最近跟好多朋友聊有關於遠距工作的點點滴滴，我們大部分都是在家工作的狀態，大家共同的感受就是，遠距工作比之前在辦公室工作的時間更長。所以即便是在家，也一定要提醒自己：時間到了，就要停止工作。從工作區域離開，提醒自己「下班」嘍！因為讓自己有放鬆休息的時間，明天才會更有動力繼續工作。

我們可以透過設定線上打卡機制，來協助提醒我們要下班嘍！也或許不用硬性的規定上下班打卡機制，但是可以利用每天早上定時與團隊成員道早安，每天下班前與團隊成員說再見，來協助我們切換上、下班的模式，進而減低生活跟工作分不清楚的狀況。

疫情之下的毛孩子最開心

一場病毒危機（COVID-19），讓「遠距工作」爆紅，「在家工作」也變成許多上班族的新工作常態。禍福相依，每次危機之下必會帶來轉機，目前我們正看見許多產業在疫情之下意外的蓬勃發展。以前我們出門上班之後，毛孩子孤獨在家，等著主人天黑之後下班才回來，現在因為疫情，許許多多的上班族都在家裡辦公，大家開始在社群媒體曬上毛孩子干擾工作的照片……。其實，研究證明，寵物在辦公空間裡能夠有效的緩解員工焦慮的情緒、減低工作的壓力、增進工作動力，所以在疫情之下，我們可以長時間在家裡陪伴毛孩子，不僅毛孩子很開心，我們也因為擁有寵物，減緩了遠距工作中孤獨感。

Joyce 遠距工作悄悄話

Joyce 在進行遠距工作之後，強制性的規定自己每天的作息時間表，還有在網上購買了一個紙質的日程表，記錄每天的重要事項，也提醒自己明天及本周待完成的事項。另外也規定自己每天要有固定四十分鐘的運動，最近也在考慮領養幾隻流浪貓，讓我的遠距工作和生活更順利。

十大心法打造高效遠距工作團隊

「自從疫情以來，我們整個公司都轉為遠距工作，但是我覺得我的主管很不信任我，從郵件和他跟我講話的口氣可以感受到，這讓我很不安。」Silvia 沮喪的說著。

「我的老闆還好，但是我們團隊的溝通很不順暢，各種線上協作軟體滿天飛，但是大家還是沒有辦法好好的一起工作。和在辦公室的時候不一樣，我總不能有問題就開車去同事家吧？」Martin 和我們分享他團隊的困擾。

「我帶領著十二個員工的團隊進行遠距工作，每個人的作息和工作進度都不用一樣，而且每個人獨立作業的能力都不相同，真的是很頭大。」Barbara 是一個科技公司的老總，她在管理團隊上也有煩惱。

根據《經濟學人》對全球工作者的調查，僅有不到三成的人從未有過遠距工作的經歷，也就是說，大部分的職場人，或多或少都能藉由網路、科技工具，進行遠距工作。尤其在疫情之下，網路可以打破地理位置的限制，但遠距工作，尤其是在如何管理遠距團隊這方面真的是非常的挑戰。以下十個心法，能夠協助大家打造高效遠距工作團隊。

一、訂定遠端工作政策和流程

要擁有一個高效的遠距工作團隊，首先需要制定完善的遠距工作政策及流程。當實體工作轉變為遠端工作模式，遠端工作政策及流程，能夠與員工充分溝通，讓員工瞭解可依循的方式。遠距工作政策應明確規定工作時間、如何回報上級、運用什麼聯絡工具、遠距資料分享工具、如何請假……等，更重要的是，需要提供明確的追蹤工作進度與衡量成果的標準。

二、明確的工作目標和清楚的任務分配

不在同一個辦公室空間裡工作的情況下，每一個團隊，從主管到每個員工，都需要

設立明確的工作目標及清楚的分配任務。這樣可以幫助每個人清楚的瞭解自己每天、每週、每個月需要完成的工作事項及輕重緩急程度。除了每天的工作進度之外，公司更需要良好機制來追蹤專案整體的進度與成果，也需要將每個專案負責的當責人分配清楚，避免一事多責的情況發生，才不會造成溝通不順、工作重疊，也可能因為權責不清而造成互踢皮球大家都不負責任的情況。

三、確保對上對下的溝通管道簡單而順暢

打造一個高效率的遠距工作團隊，需要建立簡單而順暢的溝通管道，而這個管道應該是雙向的，也就是說不管你是員工對上級，還是主管對團隊成員，都要保持即時的、有效的溝通。還有，主管必須維持「開放政策」（open-door policy），也就是有時候我們常常會聽到一些溝通方面做得很好的主管說，My door is always open，這個意思就是說明，懂得溝通的主管，能夠做到讓員工覺得不管在工作上遇到什麼問題或困難，他們都能夠去跟主管商量。另外，為了讓遠距工作時員工可以找到他們的主管，主管也可以即時的聯絡團隊成員，不管團隊是否遍布在世界各地，都能透過不同的科技工具（Teams, Slack, Skype, 電子郵件、電話、簡訊……等）保持雙向溝通順暢無阻礙。

四、信任你的團隊，建立和深化團隊成員之間的信任

有很多企業對於遠距工作有很大的疑慮，甚至在知道遠距工作的多項好處之後仍然遲遲不願意嘗試。主要的原因之一就是公司對於員工的不信任。尤其是當大多數員工選擇主要的遠距工作場所是在家裡的時候，資方會覺得，員工在家裡工作，主管很難約束員工的工作進度，也無法保證工作成效。其實，只要遵循上述的幾個心法後，資方應該會很快的發現，提供員工和管理層明確的遠距工作政策和行為準則，工作成效自然就會產生。例如，要求在公司團隊共同使用的線上通訊軟體的訊息要儘量即時回覆，電子郵件要在二十四小時到四十八小時內回覆、確定團隊成員的工作時間……等。主管們也必須認知到，遠距工作就是無法實體的看到每一個員工，無法全然掌握工作的情況，但只要工作進度順利進展，應該要充分信任團隊成員；而員工也要學習讓主管放心，把工作按計畫完成、即時回報，也要和團隊良好的合作，增進彼此的信任。

五、善用雲端協作平台和專案管理工具來安排工作

可以採用 Trello, Slack, Monday 或 Asana 等雲端工具來安排工作任務以及管理專案，

即便是非完全遠距工作的團隊來說，如果員工已熟悉這些線上協作平台和專案管理工具，除了可以提升工作效率之外，也可以對未來的遠距工作做準備。若是公司現在尚未使用雲端協作平台和工具，現在正是讓公司轉型，往數位化邁進的好時機。還有公司需要擁有適當的雲端存儲空間和通訊軟體，因為如果員工在每天的工作當中無法傳送和下載需要的檔案，或是無法進行視訊會議，那工作就真的是寸步難行。首要任務是投資可靠的科技工具，並且規劃明確的使用守則。

六、團隊儀式感不受遠距影響

工作時就需要有工作的樣子，遠距工作也一樣。盡量鼓勵員工在進行遠距工作時，要維持如同在辦公室裡的專業形象，有上班的儀式感。視訊會議平台 Zoom 曾分享關於遠距會議的訣竅，例如：在家進行視訊會議時，千萬不要穿著睡衣或居家服，而是維持平常上班時的穿著。另外，可以適時的使用「虛擬背景功能」，甚至可以使用公司 Logo 的虛擬背景，保持品牌形象。

七、定期團隊視訊會議

遠距辦公最大的挑戰之一就是維持團隊向心力。沒有了茶水間的閒聊，和面對面一起吃午飯的機會，團隊成員之間的感情很容易趨於冷淡，而且也會沒有「團隊認同感」。另外一個很嚴肅的問題就是，遠距工作久了，在工作中造成的孤獨感。而這些問題，都可以通過定期的團隊視訊會議來改善，甚至可以定在午飯時間，大家一邊吃午餐，一邊聊些工作和工作以外的事情，來增進彼此的團隊認同感。

八、定期舉辦實體聚會

遠距工作給我們帶來非常多的便利，為個人職涯發展提供了很多的可能性，在疫情當下也保護了員工的健康跟安全。但是人是群體的動物，定期舉辦實體聚會，和團隊面對面的相處，有助於建立團隊認同感和提升團隊凝聚力。主管應該在管理團隊的時候定期安排讓所有的團隊成員在同一個地點相聚、交流，還有互動。

九、用獎勵來激勵團隊工作動力

管理遠距工作團隊，最重要的是設定工作目標及追蹤目標是否完成。不要過多的擔心員工在家工作是不是會做工作之外的事情，只要專注在達成工作目標與工作成效就好。記住，在遠距工作中，主管應該重視的是工作成效，而非控制員工、或限制其他的活動。另外，管理者可以透過定期線上視訊會議、口頭獎勵表揚員工的成就，或是設立獎勵機制激勵團隊工作動力。

十、適時的關心以及建立社群感

因為遠距工作減少了面對面互動的機會，所以在管理團隊的時候，需要持續性的給予關心，以及建立團隊間的非工作互動。例如：可以設定每個星期五的下午三點鐘是虛擬茶水間活動，大家可以在一個固定的時間聊聊工作之外的事情。除了可以舒緩工作的壓力之外，輕鬆的線上互動方式也可以建立跟增進社群感。主管要特別注意，除了追蹤遠距員工的工作成果之外，適時地同理與關心也很重要。建議在工作視訊會議一開始，可以先簡短關心彼此的生活，聊聊工作外的事情，這種互動可以建立更深的社群感與個人連結度。

Joyce遠距工作悄悄話

以上十大心法，可以幫助打造高績效虛擬團隊，而其中我覺得最重要的是：建立團隊之間的信任感。一旦有信任感，就會覺得被尊重，工作起來會更有動力。真的非常建議管理遠距工作團隊的主管們給團隊成員多一點的信任，其實要看到的是工作的成效，而不是過程，員工不管在哪裡工作，也許在家裡，也許在咖啡館，也許在海灘⋯⋯，他們在這些工作空間裡有沒有做其他的事情並不重要，重點是他能不能把工作高品質的完成。

七大方法讓遠距工作更有效率，讓老闆安心，客戶放心！

遠距工作在家裡、在咖啡館，或是在海邊不能專心怎麼辦？
遠距工作老闆和客戶看不見人，疑心不信任感大起怎麼辦？
遠距工作的意義，常常被誤會，當成「員工福利」來看待，
請不要把休閒和遠距工作畫上等號，它是一種新的工作方式，你要認真對待它。

不管你是本來就常常在家工作的遠距工作者，還是因為新冠肺炎爆發後被迫在家工作，其實遠距工作非常具有挑戰性，與在辦公室工作相比，雖然不用通勤，也減少了辦公室裡繁忙的瑣事，但是同時，我們也缺乏同事之間的協作和溝通，還有人類社會的天性：實體社交。這些都會降低我們對於工作的熱情和積極性，甚至會影響到對於工作的責任心。

另外讓很多人難以把控的是：如何合理分別居家和辦公的空間和時間。雖然遠距工作貌似自由度靈活性高，但因為不管在家裡、咖啡館或是旅行中，這些本來不是用來工作的空間到處都充滿分散注意力的事物——電視上的新劇、廚房裡好吃的東西、臥室裡舒服的床、隔壁桌的帥哥、海灘上的美女……誘惑你的東西實在太多了，所以就更需要極高的自律性和專注力。

以下七招不管你是遠距工作的老手，還是剛剛開始遠距工作的菜鳥，都能讓你在家（咖啡館、或旅行中）工作時，不僅能確保工作效率，更使你工作的成果讓老闆安心，客戶放心。

1、遠距工作請專注在「工作」二字，要有工作的存在感和儀式感

人是慣性的動物，當你缺少了起床準備上班的流程，洗漱、化妝打扮、吃早餐……

等動作，你的大腦可能還沒有反應過來——你雖然不在辦公室裡，但是你是要工作的！所以，首先你要先建立遠距工作的存在感和儀式感，可能是從一杯早晨的咖啡開始，或是你依然要洗漱、打扮化妝，然後脫掉家居服，換上辦公室裡的服裝。當你的身體感覺「我準備好要上班了！」這樣的訊息才會傳達到你的大腦，幫助你進入工作的狀態中。

如果你早上起來打扮好，不僅自己心情會很好，在視訊會議的時候也更能展現專業的妝容，讓工作更加分。

2、最大程度的劃分工作空間與居家空間

享受遠距工作自由的理由千百種，你可能以為在沙發上、床上工作很舒服，或在自己喜歡的咖啡館、戶外空間，感覺簡直是美夢成真。但現實是，這樣做，一定會減低工作效率。給自己在遠距工作裡規劃出一個專屬的工作空間，最大程度的與休息空間區分開來，從工作空間中，營造出井井有條的工作氛圍，讓大腦進入認真的工作節奏。

根據哈佛大學研究指出，所有電腦、電視或是工作工具都應該遠離睡眠區域，如果你在床上工作，就會增加入睡困難程度，因為大腦會認為你還處於工作狀態，不應該入睡。

3、設定好固定的辦公時間，並讓整體團隊知道

當我們進行遠距工作時，我們和團隊成員不在同一個辦公室裡面，這時很容易產生不信任感，但這是很正常的現象。所以，設定好自己固定的辦公時間，並且讓整體團隊知道，就變得非常重要！這樣不僅能讓你的工作效率提高，而且，更能夠與同事訂立相關時間表和會議時間，方便溝通。當這樣的固定工作時間建立起來後，你所處的團隊也會相互產生信任感。

這不代表你必須要死板的朝九晚五，重點是要保持自己工作的自律性，並且在一天中最高效的時間內完成最多工作。再者，在家工作盡量避免超時工作，導致自己疲憊不堪，甚至會占用到與家人相處的時光。

4、充足的照明和符合人體工學的工作台

長期使用電腦和電子產品其實很容易產生職業傷害，特別是肌腱發炎或是肩頸關節以及對眼睛的傷害，所以有符合人體工學的工作台是很重要的。大多數的情況下，大家的工作時間通常在白天，記得要要注意採光，如果可以，不妨將工作位置移到窗邊，在舒適的自然光線和溫度底下工作，可提升工作效能，保持專注力。

在咖啡館、戶外空間、餐廳、共用工作空間（Co-working space）……要選擇採光好，相對來說也更安靜，讓你可以專心工作的地方。

5、合理規劃每天、每周的工作計劃

我們在一般辦公室環境，很多人都有規劃每天和每周工作的習慣，列出待辦事項清單（To-Do List），讓自己專注在最重要的工作上面，並確保我們把工作如期完成。這樣的規劃對遠距工作的你，更加的重要。建議可以在每天工作結束前，或是在早餐結束後的時間，花幾分鐘準備接下來要工作的重點，並且按照當日工作的重要和緊急程度排序，在自己精力充沛的時間內，盡其所能地去完成工作，然後在周五的時候，花簡短的時間，規劃下周的工作計畫。

6、請記住要和同事、客戶保持固定聯絡

自己一個人遠距工作，有點像是一個人運動一樣，很容易產生分心和缺乏動力的情況。所以，固定和同事或客戶安排視訊會議，或是利用網絡線上工作平台，例如：Slack, Team, Skype……等與同事保持聯繫，增加在網路工作環境內的「能見度」。請一定要記得，你要讓老闆和客戶看見！讓他們了解你工作的狀態，才能增進在家工作的團隊感以及信任感。

7、工作時必須遠離私人社交媒體

我們大家都知道上班時間不應該使用私人社交媒體，但是真的做到的人很少。雖然有很多人因為工作需要，常常會用到社交媒體，但是我們還是要提醒自己，應盡量避免。對很多人來說，滑手機是一種習慣，遠距工作更加無法抵抗手機的魅力，但這樣不僅時間很容易就悄悄地溜走，而且如果你的老闆或同事知道你時常在看自己的私人社交媒體，也會影響信任度。遠距工作，需要學會遠離私人社交媒體，放下手機專注工作，保持工作動力。

遠距工作是一種工作模式，不是休假模式，需要被認真對待，才能建立起上司和客戶對你遠距工作的信任感。

PART 7

遠距力真實案例大集合

她在家創業遠距工作，創造月收入二十萬的被動現金流

Zoey，一個平面設計出身，現為「理想生活」創辦人，音頻節目〈佐編茶水間〉主持人，她在家創業遠距工作，創造月收入二十萬元的被動現金流。辦法是想出來的，好工作也可以被創造出來。我和 Zoey 因為經營自媒體的關係有好幾次合作，她的遠距工作故事讓我們知道，自我品牌的力量有多強大，如果她可以掌握自己的人生，勇敢寫下她的故事，你也一樣可以。

Zoey 從小到大一直是個事業心和創作慾很強的人。因為在成長的過程中，一直與藝術和設計為伍，所以創業、經商、管理或行銷，對她而言都是格外的陌生。仔細想想，台灣的學校教育裡，好像沒有教「創業」這門課。

Zoey 高中畢業以後，開始利用自己的老本行——設計——去打工，從事視覺設計和網頁設計相關的工作。那時的她開始意識到，自己雖然非常喜歡做設計，但是卻不是那麼喜歡地點和工時被綁住的生活。她在假日閒暇時，會一個人到咖啡廳做些圖片和網頁設計、撰寫文章，可想而知，這真的是她個人私底下的嗜好。但同時，卻發現自己被辦公室文化壓得喘不過氣，工作也越來越沒動力。

當一個人在某個生活區塊「走心」時，勢必會用另一個區塊來平衡。當時的 Zoey 發現自己對於旅行的著迷，只要一有假期，就會安排各式各樣的國內外自助旅行，用力賺錢，也用力花錢。這樣的生活其實和大部分的上班族非常相似，但是過沒多久，她又意識到自己根本不滿足這種「一年只能有幾天年假，然後一整年都在期待那幾天的日子」。因此，她開始去尋找在家工作、遠距辦公的可能性。她做了很多研究，投了大約三個月的履歷，終於找到了一個能夠半遠距的台灣新創公司，並且從那裡開始奠定網路行銷與數位媒體的基礎，踏入了遠距工作的行列。

朝遠距工作跨出一小步

在台灣的新創公司做了一年，她換到另一間韓國的新媒體公司做視覺設計與內容創作。因為公司總部位於韓國，在台灣的幾個工作夥伴並沒有固定辦公室，因此她變成全職遠距工作者，在家上班。當時她發現：「這樣的話，我好像沒有一定要待在台灣耶！」因此，她開始帶著這份工作到處旅行，也摸索著下一個人生階段的目標。

二〇一七年，她帶著韓國遠距工作搬到美國，在工作忙碌之餘，她發現美國非常流行一個叫做 Podcast 的東西，身邊的朋友不斷地介紹相關的節目，所以她也在友人鼓吹下，第一次打開 Apple Podcast 的播客 APP。那個時候，才發現自己又開啟了一個新大陸。

她自己先成為 Podcast 的忠實用戶。她跟著美國創業和自媒體圈，聽起了 Tim Ferries, Gary Vee, Tony Robbins、歐普拉等各式各樣與自我成長和創業有關的節目，「自己試試看」的想法也開始在心中萌芽。她開始在洛杉磯這邊買書、參加講座、購買線上課程、去相關的 Meet-up 聚會。美國的個人品牌氛圍蓬勃，而她也在這時候開啟了自己的「自主學習模式」。這個時期的 Zoey 大幅度的學習，大幅度的成長，對於開啟個人品牌蠢蠢欲動，但卻持續處於觀望的階段。

當時的 Zoey 持續領著韓國公司的遠距工作的薪水，雖然生活拮据，卻知足快樂，對於開始自己做個人品牌仍然有些卻步。她相信當她開始跨出第一步，真正願意展開行動，絕對是「私人生活」的某個事件的觸動，而因為這樣的觸動，人才會願意從「想」變成「做」。

Zoey 覺得她非常的幸運，她的生活發生了一件大事，讓她覺得自己似乎「搞定了」人生的某個部分，因此有了更多的勇氣來嘗試建立個人品牌。這件生活的大事就是：她結婚了。

其實她一直不是一個嚮往婚姻或家庭生活的女生，但在對的時間遇到了對的人，她覺得她真的是非常非常的幸運。因為這件人生大事，她開始想：「連沒有計畫的計畫都達成了，那我的人生，還有什麼事情是我現在不去做，未來會後悔的呢？」她第一個想到的答案就是創業。

那個時候的 Zoey 沒有本金，生活也以賴著正職工作的薪水，因此她實在沒辦法做到離職創業。但她相信，「當你想做一件事，整個宇宙都會聯合起來幫助你」！所以她開始試著在資源極少的情況下，一邊做著正職工作，一邊開始自己的副業。

一開始在想要做什麼主題時，她腦中立刻就冒出「理想生活設計」的想法——「這個點子完全來自於我當時沉迷的書《*Design your life*》，這是史丹福大學著名的選修課，當我接觸到這個概念時，有種相見很晚的感覺，感覺自己做了這麼多年的設計師，設計的都是網站和商品，卻從來沒有想過要用這樣的邏輯與概念，去設計自己的人生。」因此，根本不需要多考慮，就建立了自己的網站。

之後，她撰寫了大約十篇她認為與這個主題有關的內容，儲存成草稿，思考下一步要怎麼推出這個品牌。當她開始做下一步的思考時，她才發現「理想生活設計」雖然迷人，但也非常抽象，這時候她才認真的去想，設計理想生活需要什麼樣的元素？

Zoey 將設計理想生活所需的元素歸類為三大類：智商、情商、財商。然後思考應該要往哪個方向前進，當時的她因為對投資理財一竅不通，所以選擇先以自己熟悉的領域，描寫職場技能和自我成長有關的內容。她一直都相信智商是可以增加的，透過知識的堆疊和價值觀、思維的改變，我們的思考能力絕對有機會得到提升。而當這個能力提升了，便有機會讓我們做出更好的判斷，好的判斷引導出好的決策，好決策引導出好的結果，好結果多了，生活就有機會更加理想。

有意思的是，當她找到自己可以發展的主題之後，又馬上意識到自己的不足，於是開始又想，除了去上課學習之外，到底要如何更快速的提升專業能力，又不用花費太多時間？因為 Zoey 還有韓國公司的正職工作。最後她靈機一動，想到 Podcast 這個市場。

台灣的 Podcast 產業在當時根本不流行，使用者也占少數，但是她考量到幾個重要的關鍵要素：個性、資源、訴求，還是決定奮力一搏。

Zoey 和我分享，她說她一直都是個非常不愛跟流行或從眾的人，當時 Youtube 在台灣是最主流的媒體平台，但她認為，與其在大池塘裡當小魚，她寧願當小池塘的大鯨魚。再者，在還有正職且金援有限的情況下，她意識到自己如果跑去做影片，發展速度會非常的慢，也沒有錢外包給其他人做；如果選擇音頻，就只有 Audio 需要顧及。當時的生活已經被大部分的正職工作占據，加上做個人品牌，可能就沒有時間陪伴家人好好生活。因此，若先在競爭沒那麼激烈的市場中做得開心，可能還是比賺大錢來得更重要。總不能自己在講理想生活設計，結果自己的生活卻很不理想吧。

就這樣，先前的一股傻勁加上後續比較認真的策略規劃，Zoey 開始非常用心的經營生活、經營自己的品牌。慢慢的，她的臉書社團從二十個人，到一百、五百、一千人，她的音頻節目收聽與訂閱人數也持續的上升。她跟我說，還記得她第一次靠著這個 Podcast 節目和部落格賺錢，是來自博客來推薦書籍，那個時候，她也會在 Medium 上分享自己的文章，藉由大家按讚，得到了一些酬勞。

品牌經營與獲利模式規劃

Zoey 說，她印象非常深刻的是某個月在 Medium 上面得到了一百多塊美金的稿費，那時候認真覺得自己真是發財了！但也因為這些微薄的獎金，她便更認真思考整個品牌獲利的可能性。品牌經營到半年之際，她的訂閱人數約莫來到三千多人，當時的她其實完全是抱著一個想要試試看的心情，因此又再一次活用自己的老本行——設計了一套與 Life Design、人生規劃有關的課程，並且用非常陽春的方式（電腦螢幕前鏡頭＋PPT 簡報）錄製了大約總長三小時的線上課程，設計了一個銷售頁，想說既然一直以來都在分享自我成長與人生規劃相關的主題，不如就試賣看看，看有沒有觀眾會對這樣的內容感興趣。

那時候的她不懂定價，不懂設計行銷流程，完全是依照「最小可行產品」的概念，把自己的商品丟到市場上去做測試。一開始她把產品的售價定在一千元台幣左右，開賣之後，利用自己的 Podcast 和社團去宣傳，最後大約有一百位觀眾購買，所以當時她也淨賺了約十萬元台幣。這個數字對當時的 Zoey 來說，完全不可思議！她實在不敢相信自己有這樣的能力去做課程販售，但這也在她心中殿下了一些信心，知道接下來她必須要更有數字邏輯、更有商業策略的去設計其他線上產品，並且嘗試讓這樣的收入變成每個月的現金流與被動收入，而不只是一個月的暴利。

在經營自我品牌有了第一次的成功後，Zoey 也開始思考自己的韓國公司工作在她未來職涯規劃中所扮演的角色。她知道自己並不想要一輩子待在同一間公司，也期望有一天能夠靠自己的力量全職的做個人品牌。因此，她向公司提議，希望能從全職的身分轉成兼職，告訴公司她有其他的職涯規劃，也想花更多的時間經營自己的內容。雖然，當時正職的薪水減半，但她卻有更多的餘力去好好投入她的 Podcast 與產品。

就這樣，Zoey 在經營品牌的第七個月開始，認真的思考品牌未來的規劃，包含獲利模式的設計，要用什麼來賺錢？長遠的行銷流程是什麼？等等一系列經營自我品牌的關鍵問題。在第七個月到第十一個月左右，她陷入衝刺模式，製作了她的第二套線上課程，並且做了非常完善的品牌規劃，到了第十二個月，個人品牌與 Podcast 經營滿一年，她也推出了「Brand Your Life」線上課程，教導學生如何從零開始建立自己的個人品牌。

第二個課程推出的時候，Zoey 的品牌訂閱人數大約是六千多人，她的這套課程再推出的時候賣出了三百多份，她也在那個時候，賺到了人生的第一桶金。

她記得當時的自己很常哭，不是因為難過，而是真的太高興且不敢置信！再加上做課程的壓力也很大，好像自己夢寐以求的生活實現了一樣，讓她經常興奮得睡不著覺。

在家創業

仔細思考未來長遠的規劃，當 Zoey 有把握自己能夠賺到比韓國公司全職工作更多的薪水之後，她辭職了，第一次體驗自己出來創業的感覺。品牌經營的過程有非常多的考驗，後續包含課程的售後服務，學生的成績檢視和課後輔導、請員工、帶員工、辦活動、優化課程、寫書……等等，都是她從來沒經歷過的。她說：「且走且做的一點一滴慢慢摸索，直到現在，我們這套『Brand Your Life』課程至今也快要兩歲了，學員超過一千五百人，並且每個月為我帶來約超過二十萬台幣以上的收入。在創立個人品牌邁入三年之際，我其實還是覺得這一切非常的不可思議，但我也很感謝當初那個給自己機會的我。我相信如果你勇敢踏出那一步，任何事都是有可能的！」

Joyce遠距工作悄悄話

在遠距工作的路途上，其實充滿著各種可能，你可能可以實現：人在台灣，為加拿大的公司遠距工作，坐領高薪；或是如同Zoey一樣，從全職遠距工作者開始，開啟自己的遠距工作創業模式。別忘了，敢想敢做的基礎就是：你要有一定的專業和技術。不管你現在是學生、職場新鮮人，還是想要轉換職場跑道的達人，記得在每一個階段和位置上，都儘量的吸取新知，努力學習，因為你不知道，哪天就可以用上了！

她人在台灣，但是持續為澳洲 SBS 電視台產出優質的新聞內容

澳洲 SBS 電視台華語頻道製作人 Jennis 是我的粉絲，幾年前，我在我的臉書專頁做粉絲活動，我寄出幾封明信片，其中有一封就飄洋過海來到了 Jennis 的手中，我們的緣分和友誼就是這樣發展起來的。後來，她來到澳洲讀碩士，還成功申請成為澳洲主流電視台之一的華語頻道主持人。

從二〇一九年七月加入澳洲 SBS News 擔任華語製作人至今，也從二〇一九年二月加入墨爾本台灣學校擔任中文教師至今。Jennis 除了開始了在澳洲的國際工作之旅，也開啟了「遠距工作」的大冒險。

在台灣總統大選期間，開啟遠距工作模式

Jennis 第一次嘗試「遠距工作」是在二〇一九年底，在此之前，她對工作的想像是，如果要累積國際工作經驗，一來得到當地求職、二來必須擁有當地的合法工作簽證，但是「遠距工作」的經歷，給她新的思路。

當時她是個在澳洲的留學生，一邊就讀傳媒碩士，一邊同時在澳洲一個主流電視台 SBS 兼職華語節目製作的工作。她所任職的電視台具有多元文化和語言系統，而她負責的頻道主要的受眾是在澳洲的華人（澳洲華人大約有一百二十多萬），報導華人會關心的大小事。適逢長達三個月的暑假（澳洲位在南半球，和台灣四季相反），於是向電視台工作的主管告假回台灣。

當 Jennis 準備休假回台灣時，她主管一聽立刻跟她說：「要不你這次回去，就負責採訪台灣二〇二〇年的總統大選吧！」主管還補充道，過去的台灣總統大選，電視台內都只能翻譯外電報導「隔靴搔癢」，如果 Jennis 能在現場、實際聆聽台灣人的聲音，並回傳到澳洲華人社區，會是件很有意義的創舉。於是，她的第一次「遠距工作」就在這樣的契機下產生。

Jennis 和主管還有部門同事開會、討論採訪方向後，於二〇一九年十二月中旬，她

帶著一隻印有澳洲 SBS 電視台 logo 的麥克風，就這麼回到了家鄉——台灣，開始為期一個月、人生第一次遠距工作的旅程。簡單地說，她就像澳洲 SBS 電視台在台灣的特派員，負責產出一系列台灣總統大選的新聞。

通過這次遠距工作的經驗讓 Jennis 學習到，遠距工作非常講求：自律、獨立作業和溝通能力這三大要素。

自律能力

在辦公室空間工作，通常大腦會制約你處於「工作狀態」（當然，上班時間神遊那些的不算啦！）但當你就在家裡的書房、穿著睡衣工作時，少了辦公空營造出來的「工作感」，以及沒有上下班打卡壓力，經常會忍不住東摸摸、西摸摸，找點零嘴吃等等。另外，她的工作性質屬於責任制，需要自行規劃採訪路線、約訪日程等，從這些遠距工作的過程中，她也摸索出自己的一套遠距工作 SOP，並且提醒自己區分出工作和休息的時間。

獨立作業能力

進行遠距採訪工作時，Jennis 的主管和同事們都在相隔幾千公里的澳洲雪梨、墨爾本，雖然行前開過會討論、也訓練過收音器材，但當她一個人從零開始接觸受訪者到後製、上傳報導檔案等，中間仍會出現突發狀況，十分考驗她的獨立作業能力與機動性。相信其他不同產業的遠距工作者，大多時候也是一個人要扮演多重角色的功能，這時候能否獨立解決問題、或是沉著面對問題就很重要。

溝通能力

遠距工作過程中，Jennis 主要仰賴 email、LINE 和微信與遠在澳洲的主管、同事們聯繫。為了更有效溝通、減少浪費彼此時間，她通常會將問題整理好、附上相關超連結和圖片等，統一時間一次發問，盡量避免像和朋友之間聊天你一問我一答的模式。另外，比較具有挑戰的是克服時差，澳洲比台灣快兩小時，雖然時差不大，但仍然是一個需要克服的問題。

大選投票日當天，她從候選人競選總部現場趕回家已經接近晚上十點，以最快的速度製作出音頻和文字報導，完成時已快要接近台灣時間的半夜，這時人在澳洲同事們早已入睡，而負責早晨新聞播報的同事，大多在澳洲時間早上五點（台灣時間凌晨三點）起床。她記得那一晚，她根本不敢睡，一直開著手機，深怕這次工作的重頭戲會沒有完成。直到台灣時間清晨四點多，她收到主管和同事的email說，開票結果的報導已經順利排入晨間新聞廣播的排程，發過去的檔案都沒問題，她才敢好好地閉上眼睛睡一覺。

經過這一次的遠距的採訪任務，也開啟Jennis對工作新的想像，只要一台電腦和網路等設備，哪裡都可以是辦公室。她也意識到不一定非得要生活在澳洲，負擔當地高昂物價的生活費，才能投身澳洲的職場，有沒有可能她就住在熟悉的家鄉台灣，但靠著遠距工作、還可以賺取更有競爭力的薪資呢？尤其在疫情後，這個發展方向是絕對可能的。

COVID-19疫情之後，遠距工作機會大爆發

回到澳洲生活後不久，二〇二〇年三月下旬開始，墨爾本爆發第一波疫情，也從此經歷最嚴格封城狀態。因為這次疫情，半年多以來，Jennis「被迫」轉變為遠距工作模式，或者說在家工作（Work from home, WFH）。

疫情改變了許多人的生活和工作模式，帶來新的挑戰與轉機。她手上有兩份工作，一份是電視台的工作、另一份是在假日語言學校教中文，都是以遠距工作的方式來進行。「以目前的體驗下來，電視台的工作我仍會希望能早日回到辦公室工作，而語言學

校，我則認同在家工作的型態，給予這份工作更多發展彈性。」Jennis說。

因應當地政府的政策，電視媒體業屬於「必要性行業」，可以開放辦公場所，但電視台希望大家能夠盡量在家工作，並提供在家工作的技術和知識支援。所以，以往需要到辦公室使用剪輯間器材製作的廣播採訪，以及超大雙螢幕後製編修的音頻，全部變成homemade完成。

老實說，在電視台這份工作，一旦有網路和電腦，技術上需要克服的層面不多，但Jennis更傾向在辦公室進行工作。原因其一是，身為媒體人吹毛求疵的堅持，畢竟家裡的器材，收音效果絕對沒有專業剪輯間的好，而且長期在筆記型電腦上編修音頻、撰寫文稿，傷眼又傷身；其二，封城在家的便利性，反而讓工作與生活混在一塊，總感覺工時變長了。她曾經為了配合受訪者的時間，約了晚上十點進行線上收音採訪，如果是以前在辦公室作業，她和受訪者雙方都會盡量協調在辦公時間內進行採訪。

而另一份中文教師的工作改為線上教學後，效果比預期好很多。封城以前，Jennis每週六要花近三小時，來回通勤至郊區的學校教學，雖然實際教學時間為下午一點半到四點半，但幾乎一整天都泡在那了。然而，封城之後，當地政府關閉校園，要求日校和假日語言學校，都要改為線上教學。

在此之前，Jennis從來沒有線上教學的經驗，但幸運地是，當時她還是留學生，大學也都改為網路授課，她就從教授和助教們的網課經驗中，持續摸索與修正教學方向。她的班級有十位學生，年齡分布在十至十二歲，介於小大人和青少年之間，大多熟悉網路運作，也擁有自己的手機、平板電腦等設備，她每週六在線上用 Zoom 與他們相會三小時，同時利用 Google Classroom 發布消息、批改考卷和作業等。校方也很積極提供教師們協助，除了定時開會，還有一個週末專門培訓教師們網路教學的工具與技能。轉換為網路授課後，她的班維持百分百的註冊率，且十八周的課程每次都全班到齊。透過線上互動、比傳統教室的授課方式靈活更多，她和學生們也培養起更好的上課默契，教學成效也獲得校長和家長認可。在 Jennis 看來，這份教學工作因為「被迫」改為遠距工作，反而更早地轉型、且提升整體教師們的教學品質，如果疫情趨緩之後能夠選擇，她會希望繼續保持網路教學的模式，或是一半的週數在實體教室、一半在網路授課。

在遠距工作的路途上，很多人把家裡變成辦公室，但是，現實可能不如想像中美好，工作和休息如何區分，能否適應遠距工作因人、也因產業而異。遠距工作的確為我們未來的工作型態，提供很多新的思路和啟發。

她從國際工作達人到擁有一家線上藥妝店

Kavrine是我在澳洲北昆士蘭旅遊局工作時認識的好朋友，她是一個擁有豐富國際工作經驗的旅遊業達人，後來我見證了她從職場精英華麗轉身成為魅力十足的二寶媽。在她第一次休產假的時候，她開始做很多自由接案的工作，大多數都是遠距完成的；她第二次休產假的時候，開始接觸一個遠距創業平台，現在她一個人經營一家線上藥妝店。遠距工作為她的職業發展提供更多的可能，誰說寶寶和工作不能兼得！

Kavrine在二〇一二年來到澳洲，對她來說完全是機緣巧合的事，之前的她從來沒想過，也沒有計劃過來南半球生活。來澳洲之前，她一直在不同的跨國企業（法國航空公司、美國西北航空公司、聯邦快遞、香港迪士尼樂園……等）從事銷售和市場推廣業務以及政府關係管理等工作。二〇一二年初，澳洲凱恩斯當地一家最大的大堡礁景點公司需要一位擁有豐富經驗、並且有中國業務資源的銷售經理來擴展他們的亞洲業務。Kavrine就在這樣的機會下，接到了這個景點公司的電話，跨國的機會就這樣自己找上她。通過兩輪電話面試後，公司開始幫她辦理工作簽證的各項事宜，她就這樣踏上了澳洲的土地。

她跟我說，一定要告訴大家，別讓自己對於國際工作的擔憂，阻擋了嘗試的動力，對於國際工作有興趣的朋友們，非常鼓勵多把履歷放到各種國外不同的求職網站上，說不定哪天就有意外驚喜，遠距求職也可以很簡單！

在景點公司三年的工作結束後，Kavrine就開始了自由職業者的生涯，一直從事市場行銷和銷售，服務客戶從一個雇主變成很多個客戶，大堡礁直升機、北昆士蘭旅遊局、庫蘭達旅遊局、昆士蘭旅遊局、澳大利亞旅遊局、昆士蘭鐵路……等等。她說，她很喜歡這種接案的工作模式，也開始了遠距工作。

這樣的遠距工作模式讓Kavrine有更多靈活的時間去照顧孩子和享受生活。在遠距工作的這段期間，她的第一個寶寶出生了。在她大寶快二歲的時候，她的其中一個客戶——凱恩斯當地的一家五星級全球連鎖的飯店集團邀請她加入團隊，於是，Kavrine從自由職業者，成為了這家飯店的正式員工，負責這家飯店以及同一集團的另一家四星級飯店的大中華區的市場銷售經理。

二〇一九年，Kavrine還成為澳洲北昆士蘭華人社區防止罪案諮詢委員會的召集人，和當地警察局和市政府都有密切合作，在工作之餘，她也為了澳洲的華人盡一份心力。

Kavrine的工作一直很順利，她也成功在全職員工和自由職業者之間來回切換。二〇二〇年初，她的第二個寶寶誕生時，她請了一年的產假陪伴孩子成長。之後，COVID-19疫情爆發，全球旅遊業停擺，原本蓬勃的澳洲旅遊業一片蕭條。果然，當上帝關閉一扇門的同時也打開一扇窗。疫情幾乎徹底的改變了人們的消費習慣，大家都不出去逛街了，大賣場百貨一間一間關閉，而各大購物網站的業績卻節節高升，大家都在爭奪商機，也因為疫情，身邊的朋友們也越來越注重健康，於是Kavrine看到了新的商機，於是她再度開始遠距工作。

Kavrine做很多搜尋、調查及比較後，她最終選定了「單創」（VTN）開始線上零售創業。

顧名思義，單創，就是一個支持單人創業的平台。相信大家都對直銷模式和分享經濟模式有或多或少的瞭解，Kavrine 為什麼會選擇 VTN 單創這個平台呢？首先，它是一家澳洲的品牌管理公司，不是一般的電子商務平台，另外，它比其他購物網站和通貨平台擁有更大的優勢在於：

1、平台模式不一樣：

通貨，就是在哪兒都可以銷售的東西。而 Kavrine 過去的工作經驗，都是在銷售同類產品中較高端的商品，所以，打價格戰去銷售真的不是她想做的，不僅心累，而且利潤低，不如不做。但由於 VTN 單創是品牌管理公司（像 P&G、聯合利華、雅詩蘭黛……等品牌），它和品牌方簽訂的都是獨家授權，也就是說，在同一個區域市場，所有的貨品都是從 VTN 單創出去的，甚至有些品牌（例如 Vida Glow）簽訂的還是全球唯一經銷商，也就是說連澳洲本地的商店（Myer，David Jones，澳洲各大藥妝店）都是由 VTN 單創平台去供貨的。因為能夠爭取到獨家，才能更好的掌控商品價格，而 VTN 單創平台也有一套規則來管理每個經銷商之間不會互相打價格戰，從而保證創業者的利潤。「自用省錢，分享賺錢」這句口號，在其他通貨平台賺的是買杯咖啡的零用錢，在 VTN 單創平台，如果你足夠努力，年入百萬不是夢，因為它的模式就是建立在讓合作夥伴都賺錢的基礎上。

2、管理制度不一樣：

在VTN單創，不會出現像直銷模式或是傳銷公司那樣的吸血鬼上線，VTN單創的制度規定不能抽取超過二級利潤，但是當一個創業者的團隊營業額超過一定數字，VTN單創會有額外的市場補貼和教育基金。Kavrine認為這樣的制度很公平合理，而且在VTN單創不需要囤貨，對於剛起步的新手也完全沒有壓力，幾乎可以說是零成本創業。

3、貨物品牌不一樣：

試想一下，現在拿一個普普通通的根本沒有人聽過的品牌代理費用是多少？幾十萬，甚至上百萬，而且這價格還是不知名品牌，必須花大量的時間和金錢投入市場行銷，才能打開知名度，銷售出去。而加入VTN單創，在成為會員享受購物折扣的同時，還擁有了一個對產品進行再度零售的權利，也就是說，加入這個平台線上創業，等於一次擁有了超過二十多個澳洲、紐西蘭、歐洲的奢侈品牌授權。VTN單創打破了以往直銷的產品侷限性（只有單一品牌），每個創業者，一個人就是一家線上藥妝店。而且販售的東西都是有品牌方正式授權的，不是一個需要到處搶貨的代購。

4、全球前景無限：

目前VTN單創有二十多個獨家授權產品和超過百個合作品牌，可以郵寄到澳大利亞、紐西蘭，中國、港澳台、美國、加拿大、日本、韓國、新加坡、馬來西亞……等地。未來，公司的願景是要成為全球前十大品牌管理公司，擁有超過一百個獨家授權品牌，和開通更多國家的物流，讓全球的消費者用更優惠的價格享受到更超值的好產品。英文版的APP目前也在開發當中，不久的將來，VTN單創的事業將不再侷限於全球華人了。

Kavrine說在VTN單創，創業者只需要做好兩件事情：一是做好銷售，維護好客戶關係；二是拓展你的團隊，幫助你的團隊發展。其他所有的「瑣事」，像是打包、郵寄、售後服務……等，通通有公司的專人負責。VTN單創的選品力非常強，產品定位是小眾奢侈品牌，主要分為大美麗、大健康、母嬰產品，和全球美酒四大類。

疫情改變了很多經濟模式，社交分享經濟，線上購物將會持續發展，而遠距工作，還有各種遠距工作平台、遠距創業平台，都會持續發展，如果你也有興趣成為遠距創業的一員，通過你的手機，擁有屬於你自己的一家線上藥妝店，Kavrine很願意和大家做更多的分析，教你一步一步打怪升級，用最短的時間成為最高級別的代理商，將利潤最大化，以及如何能針對不同的客人和發展團隊，更有效的的銷售產品。

VTN單創是一個適合所有人的個人創業平台，可以立刻開啟你的遠距工作新篇章，無論你是職場精英，還是在家帶寶寶的全職媽媽，還是IT宅男，只要你想嘗試遠距工作的另一種可能，都可以聯絡Kavrine，kavrine@bigredaustralia.com，她願意跟大家分享她的經驗以及回答問題。

有句話說「貧窮限制了我們的想像」，其實我覺得應該是「資訊開啟了無限可能」。如果你不知道像單創這樣的平台，一定會覺得零成本創業，或是遠距工作模式，就是個詐騙集團的新騙局。但是其實隨著科技的發展，工作種類和工作模式都在飛速發展，有很多的機會是我們要去發現、嘗試，才有機會看到它們開花結果的一天。

她從咖啡廳老板娘，到線上中文學校創始人與線上人類圖講師，遠距工作讓她度過疫情風暴

Yi是一位來自高雄的鋼琴老師，她在澳洲深耕十幾年，二〇一四年她在澳洲北昆士蘭凱恩斯開了一家咖啡館，我們的緣分是因為我在二〇一六年時在澳洲北昆士蘭旅遊局任職，她的咖啡館就在我的辦公室旁邊，我常常會去她溫馨的店裡尋找台灣味，各種台灣小吃沖淡了我忙碌工作中的壓力和鄉愁。由於這家咖啡不是沿街的店面，Yi必須非常關注social media（社群媒體）的運作，也因為地點的關係造就了她對時間的運用與地點環境的操作——最大化的以線上方式產生價值。

二〇一六年Yi在台灣僑務中心的協助下開辦了中文學校，也利用咖啡館的後花園，舉辦了無數次的中小型活動。在凱恩斯聯誼會（類似海外同鄉會）的邀請下同時也加入了協會的運作，希望為海外的台灣二代和當地外僑、背包客和學生族群服務，讓大家知道即使遠在澳洲的我們也是有根的，備受照顧的。

近幾年網路蓬勃發展，但是對於遠在北昆士蘭凱恩斯的華人，需要辦理護照或延簽的過程還是有許多的不便。北昆士蘭凱恩斯不同於墨爾本或布里斯本等澳洲主要城市有台灣駐澳辦公室，當位於凱恩斯的人有簽證需求時，都得飛一趟其他大城市或是以郵寄的方式來處理。

二〇一九年凱恩斯台灣聯誼會打破了侷限，成功地走入當地主流的活動中，並被當地主流媒體大肆報導。在活動中我們邀請了遠在布里斯本辦事處參與和協助，因此完成了二次的行動領務（Remote Consular Affairs Services）為在北昆士蘭的台灣人辦理簽證與護照事宜，由布里斯本辦事處處長帶領祕書來凱恩斯為僑民服務。遠距離的重重困難，在Yi的心理播下了改變的種子，也因為這次行動領務的大成功，為她帶來更多遠距工作的想法。

二〇一六年Yi在經營咖啡館、參與民間社團組織，以及管理中文班的過程中，開始對於學習人類圖系統有著莫名的狂熱，不論生活上的各方壓力，還是努力在線上與美澳連線學習，這是她對遠距學習最有感觸的開始。

Yi必須先確認美國與澳洲的時差，還有她個人生活的安排，這的確是一個非常艱難的過程。可喜的是，在二〇一八年底順利的完成講師的證照受訓課程，熱血的她只想趕快將這麼棒的系統介紹給所有人。但是當時澳洲對於這樣的新興課程是陌生的，這也是她第一次感受到地域的差異性與困難度。當時試了幾次的線上與面對面的分享，效果並不是很好。但是，她深知這是她必須運作的方式，唯獨這樣的運作才有辦法與世界同步；同時，忙碌的她也生病了，這場病讓她停下了快速運轉的腳步，重新思考、整理出她認為更可行的方法。

二〇二〇年一月Yi回了台灣一趟，回台前先與經營英文教學咖啡館的姊姊討論辦人類圖說明會與澳洲打工渡假安全說明會（代表凱恩斯急難救助協會），在台灣線上與澳洲警察連線，讓參與的家長知道澳洲的安全性，以及提供他們一手的提問機會。另一方和經營開放式幼稚園的姊姊討論開人類圖說明會，安排家長與老師的引導學習概念。這幾場小型的說明會如期的完美落幕。在她回到澳洲不到二個月，澳洲疫情就嚴重爆發了。她經營多年的咖啡館面臨選擇暫時停業或是永久停業，中文班也理所當然的沒有了上課的地點。

由於Yi對遠距學習與教學已經有了很長一段時間的運作與理解，在當時，她與教師們開會，毅然決然將所有的課程調整為全面性的線上教學（Online Learning），這不但可以持續學生的學習還可以讓家長安心，這是當下最好的解決方法。同時，她選擇了暫時停業，重新思考她的個人工作室、咖啡館往後的運作模式與中文班的未來，這些都需要好好的規劃與整合。

對Yi來說，二〇一六年起她已經開始為這一天做準備。從遠距學習到遠距教學，為她帶來了另一個工作與生活的契機。

這些經驗讓她更清楚，遠距工作講求：整合規劃、獨立作業和遠距的團體運作、有效溝通。以下分別說明：

整合規劃

當有了規劃的能力，會很清楚的知道：我是誰，我在哪裡，我在做什麼。Yi常常說：Working smart not working hard，把力氣花在對的事上，成果會事半功倍，除此之外更要清楚的知道，如何做正確的決定。有良好的整合規劃能力，可以將很多的可能性與效率提高。

獨立作業與遠距團體運作能力

這裡是指台灣與澳洲線上與現場說明會的經驗。進行遠距團體工作坊，除了本身的獨立作業的角色，從製作課程教案、說明會的簡報、確認市場需求、社群的推廣，以及確認雙方會場，再進行到與遠距團隊的校稿確認，此時時差都是一個必要克服的因素。這些除了需要有很高的機動性（一人分飾多角）與危機處理的能力之外，更考驗的是雙方遠距團隊默契。

有效溝通

Yi相信，溝通是做任何工作最最最重要的一個環節。在處理這樣繁雜的過程中，最需要的就是有效率的溝通。對Yi來說，通過Line，Email，Zoom與遠在台灣的團隊或是澳洲老師群聯繫是最有效率的方式。通常她會善用Email確認表單，並且開啟三方編輯，用Line功能裡的筆記做好提問，盡量減少電話的一來一往。Zoom的運用通常在活動前作確認與活動當天運用。

對於中文班，則是需要訓練老師如何有效率與善加利用線上會議功能的教學，除了與老師們線上會議溝通學習新的教學管道與方式之外，最難的是引導老師卸除學生無法面對面的壓力，肢體語言與控場的能力，聲音語調與節奏的掌握，因為小朋友對於線上的學習也需要時間適應。不管是開兩地現場的遠距說明會或是中文班老師的線上課程訓練，雙方的溝通絕對少不了，也是最重要的一部分。

Yi最有感觸的是，疫情的確改變了每一個人的人生觀、工作模式與大環境的集會限制。疫情爆發的當時，她心理還在擔心咖啡館要關閉，她的生活收入支出，中文班學生去留，想繼續學習的她沒有收入怎麼辦……等等。但是很快的，Yi轉念的速度快到連她自己都嚇一跳，因為她忘了她早就已經為這天在四年前就開始準備了。她開始收拾心情，收拾店面，整理家裡的空房間，慢慢的布置成她的私人工作室，並開始重新整理思緒。一方面安排線上課程教學，說明會與個人解讀，一方面著手為中文班向澳洲政府申請用地（中文班在二〇一九年底通過澳洲NPO的資格審查），另一方面確認老師與學生的學習狀況，相信可以堅持到學校用地的審批通過。

這期間也接到了澳洲政府通知，因為集會限制的關係，協會一年一次的大活動需要延後，連同政府的補助也需要延後發放，直到環境允許和企劃案重新調整後才得以執行。對於環境不確定因素，誰都無法預測，也不想造成任何危險的可能性。看似Yi雖然因為疫情失去了她經營得有聲有色的咖啡館，少了生活的主要收入來源，但是也因為疫情讓她更清楚的知道，她在幾年前開始接觸的遠距學習，有能力做人類圖系統遠距教學，遠距工作將有無限的未來性與發展性。

當然，對Yi來說，實體教室和辦公室還是有存在的必要性，她認同也很享受這段時間在家裡工作的方便性與彈性，但同時認為實體教室和辦公室也有其必要性。因為年齡層較小的學生與老師面對面的學習，有其不同的影響力與專注力，對於不同年齡層學生的需求或是不同國家的學生，我們都需要照顧到，所以她相信二者有共同存在的必要性，可以相輔相成。

Yi之所以會向澳洲政府申請學校用地，是希望在不遠的未來疫情趨緩後，這些小朋友一樣可以進行面對面學習。同時還可以併行持續做偏遠地區的線上教學，或是成人學習中文時，因為工作的因素無法前來時，為他們設計出配套的線上課程。她也非常期待她的辦公室除了是工作室之外，還可以利用工作室運作線上課程，與不同國家的學員做遠距教學，而咖啡館會轉為教學用，凱恩斯聯誼會的民間團體也有與布里斯本僑務中心與外交處的聯絡處的實體據點。她相信不管有沒有實體辦公室或教室，線上工作有其學習的便利性與發展性，是不可或缺的。

Joyce 遠距工作悄悄話

危機就是轉機，我一直深信不疑。疫情嚴重衝擊著我們的工作和生活，但是同時，也在為我們創造新的機會，如Yi在澳洲多年的努力，從行動領務Remote Consular Affairs Services為在北昆士蘭的台灣人辦理簽證與護照事宜，到現在的線上中文學校與線上人類圖課程，就是最好的證明。

後記

寫給看完整本書的你／妳

如果，在二〇一九年中旬，有人預言二〇二〇年的國際運勢是這樣的，而且同時發生，你會相信嗎？

- 全球旅遊產業將進入凜冽寒冬。
- 所有航空公司面臨前所未有的資金鏈斷裂危機。
- 美股熔斷N次＋N國降息。
- 幾十個國家同時鎖國。
- 全球學生總數一半（八點六億）學生停課。

我想，大多數的人都不會相信。但是，這確是我們現在共同面對的每天新日常。不管你身在何處，新型冠狀病毒蔓延全球，每一個人的生活和工作都在遭受巨大的變化。

本來三月是北半球春暖花開的旅遊旺季，而如今美國和整個歐洲成了超級重災區，全球有十億人口居家隔離。

在疫情爆發之前，對於第三次世界大戰有很多預測，台海危機也曾經被列為導火線之一，但是大家都沒有想到，這次的疫情在全球擴散，我們的敵人不是不同國家的人，而是看不見的病毒。

時間推移到二〇二〇年下半年，轉眼間就來到了十一月底，全球超過一百四十五萬人死於新型冠狀病毒，至少六千二百六十一萬人確診。有很多人用第三次世界大戰來形容這次的病毒危機——多國淪陷、多國封閉邊境，全球進入大鎖國時代，多國關係變得緊張，而且此次抗疫戰爭不知何時落幕，最讓人擔憂的是，最糟糕的情況可能還沒來。

疫情VS.職場危機

最近好多粉絲和我分享，他們目前遇到空前的職場危機。有一個在南韓濟州島工作的女生，因為台灣提供一個有發展前景及晉升的工作機會，雖然薪水沒有很大的漲幅，但是她還是決定回到台灣發展。但沒想到回來不到半年，就被資遣了。目前她面臨失業、心情調整、再度準備找工作、台灣薪資水準不如預期、疫情影響職場……等綜合問題，形勢嚴峻，讓她非常灰心。

疫情VS.十年來畢業生最難找工作年

今年的畢業生是首當其衝被疫情影響的一個族群，他們剛剛畢業，還沒來得及累積工作經驗和社會資源，就被全球疫情掃到，很難在本來就充滿挑戰的職場中找到一席之地。而對於全球千千萬萬的國際學生來說，疫情簡直就是惡夢！因為疫情，許多雇主都自顧不暇，對於輸出工作給才剛走出校園的國際學生，態度變得更保守，工作機會大幅下降。有許多媒體說，今年畢業生正面臨十年來最難找工作的低谷。

疫情VS.失業潮

因為疫情，全球的經濟動蕩不安，也因為疫情，掀起多國失業潮。根據聯合國國際勞工組織的預估，疫情可能會造成全球大約五百三十萬至二千四百七十萬人失去工作

（此數據是按照二〇一九年底全球一點八八億失業人數作為基數去推算的）。失業人口的增加，同時也代表勞工的收入大幅減少。據報告推測，全球民眾的收入會在二〇二〇年底前蒸發約八千六百億至三萬四千億美元，這同時也會導致消費減少，為眾多產業帶來嚴重的惡性循環。

危機下的轉機 VS. 雲端會議軟體行業正夯

看到前述這些數字是不是讓人非常沮喪，直想要爬進棉被裡，倒頭大睡，不管外面發生的事情，暫時性地假裝忘記煩惱，但是等到睡醒了，還是要面對現實。

俗話說「危機就是轉機」，即便是疫情肆虐，一家店接著一家店的關門大吉，一波接著一波的人員失業，卻也有某些行業和公司正在經歷著轉機和大幅成長。

Zoom 雲端會議軟體公司股價累計已漲了五十八・五二%，創辦人袁征的身家也跟著飆升了五十七%，達到五十六億美元（約一千六百九十二點三二億元台幣）。隨著疫情蔓延，辦公室關閉、交通中斷、國際交流大多數轉為線上、各種會面紛紛取消，各行各業對 Zoom 雲端會議軟體需求激增，辦公室會議、商業會議、大學授課……等，都開始轉向線上視訊。很多其他類似公司，例如 Skype, Webex, 也在經歷同樣的大幅成長。

遠距工作已經成為未來工作不可避免的大趨勢，防疫是目前各國各行各業的核心，由此可知，不論是企業或學校，都已經漸漸進入部分或全部遠距工作。美國超過八成的公司引入了遠距辦公制度，超過三千萬人用遠距的方式工作；日本電氣公司計劃讓六萬名員工遠距工作。我想，即便在疫情接近尾聲和結束後，我們的工作形態也會持續往遠距工作的方向發展。

六個祕訣幫你在疫情中找到職場轉機

對於現在正在求職的你，相信一定有很多疑慮和擔憂，目前疫情對於企業的招聘和面試流程有什麼影響？這裏有六個小祕訣和大家分享，希望我們都能在危機中看到轉機，更能利用轉機讓自己的職涯發展更順利。

祕訣1、繼續投遞簡歷，繼續申請工作

不能因為心情低落，就完全廢在家裡，在現在這樣的經濟不穩定時期，各個公司都在重新審視自身的組織架構、所需職務、招聘流程以及未來的發展走向。不管這個疫情將持續三個月、六個月、一年或是更長的時間，它總有結束的一天，所以很多雇主並沒

有停止招聘。很多行業和公司都開始提供可以遠距辦公的職位。所以，只要你繼續投遞簡歷，繼續申請工作，你就有機會在公司轉型的時間進入到一個新型的工作形態的職務當中。

祕訣 2、更新自己的簡歷

在你的簡歷中，不妨強調遠距工作的經驗和能力，還有管理線上項目的經驗，在現在這樣的求職大環境中，這樣做一定是加分的。

祕訣 3、保持耐心，永不放棄

公司就像人一樣，面對突如其來的危機也是無所適從。別驚訝，不是所有公司在疫情當下都有詳細的應對和執行計劃，所以，如果你申請了工作後，沒有很快得到回覆，不需要太過焦慮，建議你發一封 follow up email 去追蹤一下你的工作申請進展。

祕訣 4、專注於搜尋遠距工作

既然知道目前的職場情況是往遠距工作發展，那就突破自己心中的限制，直接找到遠距工作來做。目前在全球範圍內，有很多公司有完善的體系支持遠距員工，有些幾乎完全遠距工作的公司，團隊成員遍布世界各地，薪水待遇非常優。

在這些專門的遠距工作網站上，你可以找到非常高薪的職位，年薪超過台幣二百萬的都有，也有兼職的工作，一個月十個小時，也能帶來一千美金的收入，機會都在上面，等著你去挑戰！

祕訣5、隨時準備好線上面試

遠距工作的面試流程很多是在線上，所以你要隨時準備好應對。在面試中，需要清楚的表達你的遠距工作能力、獨立辦公能力和在團隊中遠距辦公與協調的能力。建議你可以事先練習表達你的工作計劃和工作方式，還有你會如何高效率的安排你一天的工作（與生活）。

祕訣6、保持身體健康，照顧心情平穩

疫情讓全球職場產生巨變，在壓力下忙碌的找工作時，要注意自己的身心健康。尤其是在現在這種不太能出門的非常時期，要合理安排好每天工作、運動、讀書、吃飯、休息的時間，建立一個良好的生活作息，保持身體健康、照顧心情平穩也是非常關鍵，因為，你要讓自己能夠放鬆下來，才能更好的面對未知。

全球十億人口居家隔離，情勢宛如是第三次世界大戰開打一樣嚴峻。疫情危機下，全球職場看似冷颼颼，難求職季ing？是最大危機？還是高薪轉機，如何突破重圍？以上六個小祕訣可以很好的協助你突破重圍，培養遠距力，歡迎進入遠距工作圈！

文中數據部分是二〇二〇年三月下旬的綜合整理以及二〇二〇年十一月的更新資料。疫情持續蔓延發展中，請以最新時事更新為主。

文經社
富翁系列 023

遠距力：28 天成功踏入遠距工作圈的養成計畫

・作　　者　JOYCE YANG
・責任編輯　鄭雪如
・封面設計　萬勝安
・版面設計　A.J.
・行銷企畫　陳苑如

・出 版 社　文經出版社有限公司
・地　　址　241 新北市三重區光復一段 61 巷 27 號 11 樓之 1
・電　　話　(02)2278-3158、(02)2278-3338
・傳　　真　(02)2278-3168
・E-mail　cosmax27@ms76.hinet.net

著作權顧問　鄭玉燦律師

・出　　版　2020 年 12 月 31 日 初版一刷
・定　　價　新台幣 450 元

ISBN 978-957-663-793-3(平裝)

Printed in Taiwan

遠距力：28 天成功踏入遠距工作圈的養成計畫 /Joyce Yang 著 .
-- 初版 . -- 新北市：文經出版社有限公司 , 2020.12
396 面；14.8×21 公分 . --（富翁系列；23）
ISBN 978-957-663-793-3(平裝)
1. 企業管理 2. 電子辦公室

494　　109019467